Peter Saat

**Projektaufgaben
Konstruktion**

Peter Saat

Projektaufgaben Konstruktion

Arbeitsheft zum Komplexbeispiel Getriebewelle

Mit 40 Abbildungen

Alle Rechte vorbehalten
© Friedr. Vieweg & Sohn Verlagsgesellschaft mbH, Braunschweig/Wiesbaden, 1996

Der Verlag Vieweg ist ein Unternehmen der Bertelsmann Fachinformation GmbH.

Das Werk einschließlich aller seiner Teile ist urheberrechtlich geschützt. Jede Verwertung außerhalb der engen Grenzen des Urheberrechtsgesetzes ist ohne Zustimmung des Verlages unzulässig und strafbar. Das gilt insbesondere für Vervielfältigungen, Übersetzungen, Mikroverfilmungen und die Einspeicherung und Verarbeitung in elektronischen Systemen.

Gedruckt auf säurefreiem Papier

ISBN-13: 978-3-528-03824-3   e-ISBN-13: 978-3-322-89911-8
DOI: 10.1007/978-3-322-89911-8

Vorwort

Es gibt ein Video mit dem bezeichnenden Titel "Wer konstruiert radiert". Diese Seite des Konstruierens wird bei den meisten Berechnungsbeispielen in der Fachliteratur kaum beachtet. Die Berechnungen werden als stimmig dargestellt und relativ problemlos gelangt man zu den Ergebnissen. Das ist in diesem Buch nicht der Fall, sondern das Konstruieren wird als Problemfall behandelt.

Anhand einer beispielhaften Projektaufgabe – eine Welle soll berechnet werden – wird der Versuch unternommen, die Vernetzung der Berechnungen und den oft mühseligen Weg bis zum Ziel an einem für den Lernenden noch überschaubaren Sachverhalt zu zeigen. Dabei kann der Weg allein oder im Team gegangen werden. Wird die Verständlichkeit der Darstellung durch fehlendes Wissen behindert, ermöglicht die Gestaltung des Buches, die Wissenslücken zu schließen. Das Tempo der Aneignung bestimmt also der Lernende selbst. Es ist abhängig vom Wissensstand und eventueller Führung.

Dem Autor ist klar, daß andere Varianten oft schneller und problemloser zum Ziel führen können, aber da sich dieses Buch in erster Linie an Lernende wendet, haben didaktische Überlegungen eine bedeutende Rolle gespielt; denn die Entscheidung für den optimalen Ablauf des Konstruierens setzt Erfahrungen, Übersicht und fundiertes Wissen voraus. So zeigt dieses Buch nicht den schnellsten, den besten Weg, sondern es sind bewußt Umwege eingebaut worden, damit der Lernende mit bestimmten Problemen konfrontiert wird, wie sie die Praxis bieten kann.

Das Buch wendet sich aber auch an Lehrende; deshalb hofft der Autor, daß es gelungen ist, ein akzeptables Arbeitsmittel anzubieten. In diesem Zusammenhang soll noch einmal betont werden, daß es um den *W e g* bei der Berechnung einer Welle geht. Also nicht die perfekt konstruierte Welle ist das Ziel der Darlegung, sondern es wird gezeigt, wie sich die verschiedenen Sachverhalte gegenseitig bedingen. Das Ziel dieses Buches ist bereits erreicht, wenn auch nur Teile des Buches das Lehren erleichtern können auf dem Weg zum "ganzheitlichen Lernen" und "vernetztem Denken".

Um die Einheitlichkeit und Übersichtlichkeit der Gedankenführung zu gewährleisten, ist wenig Literatur angeführt, obwohl sehr verschiedene Stoffgebiete behandelt werden. Allerdings wird damit der Nachteil in Kauf genommen, daß auf günstigere Lösungswege manchmal nicht hingewiesen werden kann.

Mein Dank gilt allen, die mir halfen, dieses Buch zu schreiben. An erster Stelle danke ich Herrn Dipl.-Ing.(FH) Karl-Heinz Hoffmann; er fertigte schnell und zuverlässig alle notwendigen Zeichnungen an. Herr Dipl.-Ing.(FH) Gerd Kebschull, ein vielseitiger und bewährter Autor im Bereich der Datenverarbeitung, beriet mich bei allen Fragen der datentechnischen Gestaltung. Ich bedanke mich außerdem für die Bereitstellung der Software DIC-CAD. Mit diesem Programm sind alle Zeichnungen erstellt worden. Sicher war auch mancher Kollege, der mich in meinen Berufsleben begleitete, direkt oder indirekt an der Entstehung des Buches beteiligt. Von besonderer Bedeutung für die hier vorliegende Darlegung war auch der Umstand, daß viele Studenten bzw. Schüler im Unterricht ihre Probleme formulierten. Damit kam die "Praxis" unmittelbar zu Wort.

Der Vieweg Verlag unterstützte mich in dankenswerter Weise; besonders aber gilt mein Dank dem technischen Redakteur Herrn Kühn von Burgsdorff. Er überwachte die notwendigen Korrekturen des Manuskriptes.

Für konstruktive Kritik, Anregungen und Hinweise, die der Weiterentwicklung des Buches dienen können, bin ich dankbar.

Osnabrück, im Februar 1996

Peter Saat

Inhaltsverzeichnis

1 Vorbemerkungen 1

    1.1 Arbeiten mit dem Buch 1
    1.2 Einleitung 4
    1.3 Voraussetzungen 6

2 Problemstellung 7

3 Kenngrößen 12

    3.1 Hauptabmessungen 12
    3.2 Drehmomente 14
    3.2.1 Nenndrehmoment der Antriebsmaschine 14
    3.2.2 Drehmoment am Antrieb, das der Berechnung zu Grunde gelegt wird 14
    3.2.3 Drehmoment an der Welle I bei Nabenbefestigung von z_1 15
    3.2.4 Drehmoment, das Ritzel z_1 abgibt 15
    3.2.5 Drehmoment an der Welle II bei Nabenbefestigung von z_2 15
    3.2.6 Drehmoment, das Ritzel z_3 abgibt 15
    3.2.7 Drehmoment an der Welle III bei Nabenbefestigung von z_4 16
    3.2.8 Drehmoment am Abtriebswellenstumpf 16
    3.3 Vorausbestimmung des Wellendurchmessers der Welle II 19
    3.3.1 Werkstoffe 19
    3.3.2 zulässige Spannungen 19
    3.3.3 erforderlicher Wellendurchmesser 20

4 Riementrieb 21

    4.1 Vorbemerkungen 21
    4.2 Riemenauswahl 21

5 Bestimmung der geradverzahnten Zahnräder 24

    5.1 Zahnradwerkstoffe 24
    5.2 Bestimmung des erforderlichen Moduls 24
    5.2.1 auf Grund der Biegung 26
    5.2.2 auf Grund der Flankenpressung 26
    5.3 Festlegung des Moduls und der Zahnbreite 27
    5.4 Abmessungen der Stirnräder 28
    5.5 Achsabstand 29
    5.6 Exakter Nachweis der Verzahnungen 30
    5.6.1 Biegung 30
    5.6.2 bei Flankenpressung 33
    5.7 Überdeckungsgrad 35
    5.8 Diskussion der Keilriemenauswahl 36

6 Grobentwurf der Welle II 37

    6.1 Wirkende Belastungen 37
    6.1.1 Kräfte am Rad z_2 38
    6.1.2 Kräfte am Rad z_3 38
    6.1.3 Teilmomente und resultierendes Moment 40
    6.1.4 Vergleichsmomente 41
    6.2 Nachweis der Stellen 2 und 3 42
    6.2.1 Durchmesserentwurf für Paßfederverbindung 43
    6.2.2 Durchmesserentwurf für Keilwelle 47
    6.2.3 Durchmesserentwurf für Schrumpfverbindung 47

7 Wälzlagerauswahl 49

8 Welle-Nabe-Verbindungen 54

    8.1 Paßfederverbindung 54
    8.2 Keilwelle 55
    8.3 Schrumpfverbindung 56
    8.4 Kegel-Spannelemente 61
    8.5 Diskussion 63

9 Kupplungsauswahl 66

10 Entwurf der Welle II 68

    10.1 Gestaltung der Welle II 68
    10.2 Verformung der Welle 74
    10.3 Kritische Drehzahl 76

11 Fertigungsdaten der Welle II 78

    11.1 Schnittkraftberechnung 78
    11.2 Erforderliche Motorleistung der Werkzeugmaschine 80
    11.3 Fertigungsablauf 81

12 Zusammenfassung 82

13 Ausblick 84

14 Lösungen 85

15 Anlagen 108

16 Literaturverzeichnis 112

17 Verwendete Symbole 113

Sachwortverzeichnis 117

1 Vorbemerkungen

1.1 Arbeiten mit dem Buch

Das Kurssystem, das heute in der Ausbildung angestrebt wird, erfordert eine komplexere Betrachtungsweise der Stoffgebiete. Auch der Lernende sollte immer wieder bemüht sein, das Einzelwissen in einen größeren Zusammenhang einzubinden. Deshalb sind alle Teilaufgaben in diesem Buch miteinander verknüpft, lassen sich aber auch einzeln lösen. Die Eingangswerte sind jeweils aus der Problemstellung oder berechneten Teilgliederungspunkten ableitbar. – Der Leser soll sich **aktiv** an der Erarbeitung des Stoffes beteiligen. Deshalb sind Hinweise zum Stoff gegeben und Lösungsansätze erläutert. Die Hauptarbeit liegt bei Ihnen! – Es wird versucht, durch die Gestaltung, durch die Schreibweise die Arbeit mit dem Buch zu erleichtern.

⇨ *Aufgabe*
Der Pfeil – gekoppelt mit einer Frage bzw. Aufgabe – ist der Hinweis, daß Sie sich hier vor dem Weiterlesen selbständig zum Thema Gedanken machen und nach Lösungsmöglichkeiten suchen sollen. Die Beantwortung sollte, wenn die Teilaufgaben nicht im Unterrichtsgespräch behandelt werden, schriftlich erfolgen. Der Platz, der teilweise bei einzelnen Aufgaben gelassen wurde, kann gleich zur Berechnung genutzt werden. Nach Lösungen kann auch in kleineren Gruppen gesucht werden. Dem läßt sich eine gemeinsame Diskussion zur Thematik anschließen. Das bedeutet Zeitersparnis; denn die Besprechung dieses Themas ist ziemlich zeitintensiv.
Beachte! Im Selbststudium kann man den Stoff nicht nur schnell durchlesen. Oberflächliches Ansehen bringt Sie nicht weiter! Stellen Sie fest, daß Ihnen Voraussetzungen zur Stofferarbeitung fehlen, dann schließen Sie erst Ihre Wissenslücken!

Bekannte Werte: Hinter dieser Randleiste sind die Werte zusammengefaßt, die für die Berechnung des Teilschrittes erforderlich sind und aus vorhergehenden Überlegungen gefunden wurden. Damit ist auch ein "Einstieg" an verschiedenen Stellen der Aufgabe möglich.

Die in jedem Gliederungspunkt angegebenen Informationen zum Stoff sollen dem besseren Verständnis dienen. In Abhängigkeit von Ihrem Wissensstand bzw. Ihrer Ausbildung ist es erforderlich, sich gegebenenfalls noch genauer zu informieren. Da viele Diagramme, Formeln und Tafelwerte für die Berechnung erforderlich sind, wird in der Regel verwiesen auf

Roloff/Matek Maschinenelemente Formelsammlung [1]

Roloff/Matek Maschinenelemente Tabellenbuch [2]

Roloff/Matek Maschinenelemente Lehrbuch [3]

Arbeitshilfen und Formeln für das technische Studium 1 – Grundlagen [4]
von Alfred Böge

(vgl. auch Literaturverzeichnis).

Daten, die dort nicht entnommen werden können, sind im Anhang zusammengefaßt.

Auf eine laufende Numerierung der verwendeten Formeln bzw. Gleichungen wurde verzichtet, da immer die Quelle genau angegeben ist. Die vermerkte Seitenzahl soll das Aufsuchen erleichtern.

Das Niveau des Beispiels ist bewußt so gehalten, daß der Stoff auch von einem Berufsschüler am Ende seiner Ausbildung unter Leitung des Lehrenden erfaßt werden kann. In der weiterführenden Ausbildung lassen sich die Sachverhalte auf schwierigere Probleme übertragen. So ist der grundsätzliche Rechengang, z.B. von den geradverzahnten Zahnrädern auf die Schrägverzahnung, gut zu übertragen.

Es wird mit einer Genauigkeit gerechnet, die in der Praxis zum Teil nicht üblich ist. Hier sollen damit aber bestimmte Tendenzen und Unterschiede deutlich gemacht werden.

Zur Art der Darstellung des Rechenweges noch eine Bemerkung! In der Regel wird die Gleichung genannt, die zur Lösung des Problems erforderlich ist. Da meist dazu weitere Größen gebraucht werden, wird dieser Ansatz eingerückt. Sollten dazu wieder Gleichungen bzw. Werte aus Tabellen oder Diagrammen erforderlich sein, dann erfolgt ein weiteres Zurücksetzen, bis eine wertmäßige Bestimmung möglich ist. Das soll die Zuordnung und Übersicht erleichtern.

Ihnen ist bekannt, daß bei dynamischer Belastung nicht mehr mit den zulässigen Spannungen als Werkstoffkonstanten gerechnet werden kann. Die spezifische Gestalt – z.B. der Welle – hat einen maßgebenden Einfluß auf die Festigkeit. Deshalb muß die Gestaltfestigkeit berücksichtigt werden. Eine exaktere Berechnung dieser Spannung ist aber erst möglich, wenn die Gestaltung der Welle abgeschlossen ist. Im ersten Teil der Aufgabe geht es darum, zu einer Entwurfszeichnung zu kommen, um damit im zweiten Teil den rechnerischen Nachweis so zu erbringen, daß eine Fertigungszeichnung erstellt werden kann. Dabei führt der Weg nicht glatt und problemlos zu einer perfekten Lösung. Auch am Ende dieses Buches werden offene Fragen bleiben. Das ist Absicht!

Das Lösungsschema für diese Aufgabe ist also grob folgendermaßen:

– in Abhängigkeit von der Aufgabenstellung ein geeignetes Getriebe wählen

– Bestimmen der Kräfte durch Freimachen der betreffenden Bauteile

– Ermittlung der Auflagerkräfte und Momentenverläufe

– Berechnung der Maximalwerte

– Bestimmung der Durchmesser im Überschlag

– Gestaltung der Welle - Entwurfszeichnung

– Spannungsnachweise

– Kontrolle der Formänderungen

– Berechnung der kritischen Drehzahl

– Fertigungszeichnung

Allerdings sind die Zusammenhänge tatsächlich schwieriger als es aus der folgenden Übersicht zu erkennen ist. Diese Feststellung soll Sie jedoch nicht entmutigen. Fangen Sie erst einmal an!

Folgender Zusammenhang soll erörtert werden:

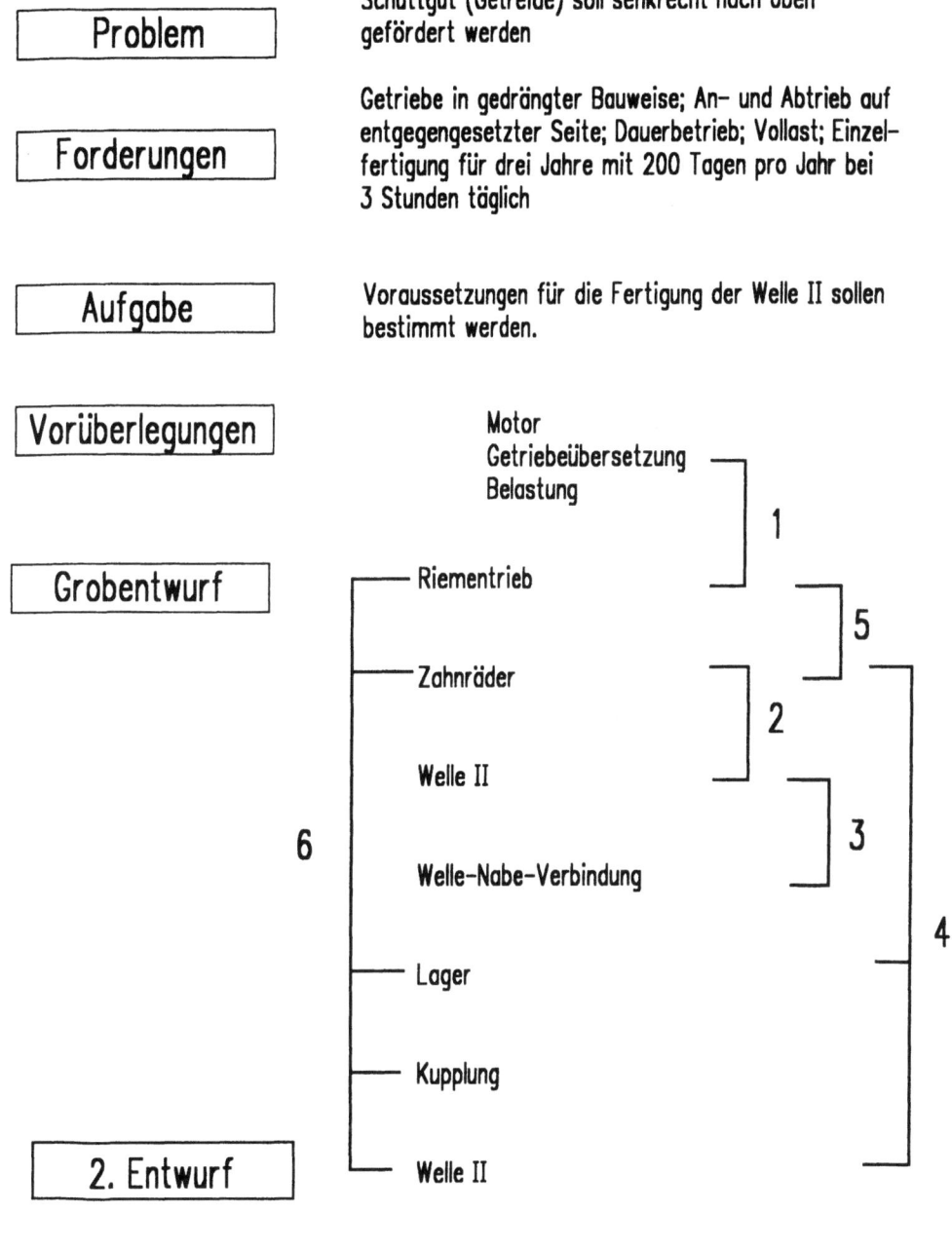

Anmerkungen zu der Übersicht auf Seite 3:

1. Ist die geplante Riemenübersetzung nicht einhaltbar, dann sind **neue** Zähnezahlen der Zahnräder erforderlich, um das Gesamtübersetzungsverhältnis einhalten zu können.

2. Erst nachdem der Modul der Zahnräder bekannt ist – und damit die Zahnbreite –, kann der erforderliche Lagerabstand – und damit die Wellenbelastung – genauer angegeben werden! Alllerdings ist dann noch nicht die erforderlichen Lagerbreite beachtet.

3. Für die Wellenberechnung muß bereits bekannt sein, welche Nabenverbindung geplant ist!

4. Die genauere Belastung ist erst bekannt, wenn Zahnräder dimensioniert sind! Zahnrad- und Lagerbreite ermöglichen dann – bei Beachtung von Gestaltungsrichtlinien – die genaue Festlegung der Lagerabstände und die exakte Berechnung der Welle.

5. Erst die bekannten Teilkreisdurchmesser der Zahnräder gestatten eine Aussage über den erforderlichen Wellenmittenabstand des Riementriebes.

6. Die Wirkungsgrade der einzelnen Maschinenelemente wirken sich auf die Berechnung aus!

1.2 Einleitung

In den verschiedensten Fächern haben Sie Sachverhalte dargestellt bzw. erklärt bekommen, die relativ isoliert **e i n** Problem zum Inhalt hatten.
Denken Sie an
– die Berechnung der Auflagerkräfte im Fach Technische Mechanik.
– eine Schweißnahtberechnung im Fach Maschinenelemente.
– die Bestimmung der erforderlichen Spannkraft bei einer Vorrichtung für Konstruktionslehre.
– die Steuerung einer bestimmten Maschine.
– die detaillierte Darstellung einer Welle.
– die Berechnung eines Maschinenelements.
Es konnte Ihnen schwer erklärt werden,
– wo z.B. der Abstand der Auflager herkommt.
– wie die Kräfte für die Schweißnahtberechnungen bestimmt wurden.
– von welchen Faktoren die Größe der Schnittkraft F_C abhängig ist, die die Größe der erforderlichen Spannkraft an der Vorrichtung festlegt.
– wie die Maschine nur "sinnvoll" arbeiten kann.
– warum bei der Darstellung einer Welle ein Abrundungsradius bei Querschnittsübergängen so genau festgelegt wurde.
– wo die "Eingangswerte" herkamen.

Sie sollen in dem folgenden Komplexbeispiel kennenlernen, wie sich bei der Konstruktion die einzelnen Faktoren, Aussagen und Vorgaben bedingen. Damit wird Ihnen sicherlich auch verständlich, warum ein solides Grundwissen erforderlich ist, um derartige Beispiele erfolgreich lösen zu können. Trotzdem werden Sie noch auf viele Fragen stoßen, die Sie trotz Ihres Wissensstandes nicht beantworten können.

1.2 Einleitung

Das folgende Beispiel soll Ihnen ein Gefühl verschaffen, wie komplex Konstruktionsaufgaben sind. Bei der Bearbeitung werden unterschiedliche Varianten diskutiert, um auf Lösungsmöglichkeiten hinzuweisen. Es geht dabei nicht darum, auf schnellstem Wege optimal zu konstruieren – was in der Praxis das Ziel ist!, – sondern Ihnen Zusammenhänge aufzuzeigen, die bei einer Konstruktionsaufgabe immer zu beachten sind. Deshalb sei auf die Möglichkeiten der Datenverarbeitung, der Grundsätze der Konstruktionssystematik, der Teamarbeit und weiterer rationeller Hilfsmittel der neuesten Technik im weitesten Sinne nur hingewiesen. Der Fachmann sollte bedenken, daß in der Lernphase Schwierigkeiten auftreten, die dem "Könner" dann kaum noch vorstellbar sind.

Häufig werden in der Literatur Einzelfunktionen von Maschinenelementen bzw. Baugruppen besprochen bzw. berechnet, kaum aber der Zusammenhang der sich bedingenden Baugruppen in Abhängigkeit von der Aufgabenstellung hergestellt. Hier wird der Versuch gemacht, diese Komplexität aufzuzeigen!

Gleichzeitig besteht das Bemühen, Voraussetzungen zu schaffen, um eine Leistungseinschätzung zu ermöglichen.

Da sich immer wieder in den Rechnungen bestimmte Fragestellungen wiederholen, sind die Grundprobleme in der folgenden Übersicht zusammengefaßt.

$$\text{Spannung} = \frac{\text{Belastungskennwert}}{\text{Querschnittskennwert}} \quad \text{z.B. } \sigma_z = F/A; \; \sigma_b = M_b/W$$

		Spannung	Querschnittskennwert	Belastungskennwert	Gleichungen
Bauteil ist vorhanden	Spannungskontrolle	σ_{vorh}	A_{vorh}	F_{vorh}	
Bauteil ist nicht vorhanden	Entwurfsrechnung	σ_{zul}	A_{erf}	F_{vorh}	
Bauteil ist vorhanden	Belastbarkeitsrechnung	σ_{zul}	A_{vorh}	F_{zul}	

Bei den vorliegenden Aufgaben geht es meist um eine Entwurfsrechnung. Erforderliche Größen (Durchmesser, Fläche, Länge, Normprofil) müssen bestimmt werden. Die Konstruktion ist aber immer mit einer Spannungskontrolle abzuschließen ($\sigma_{vorh} < \sigma_{zul}$). Das ist eine Probe, die möglichst oft eingeschoben werden sollte. Sie werden in den Berechnungen feststellen, daß oft ein Problem darin besteht, die Belastung an der entsprechenden Stelle zu bestimmen. In dieser Aufgabe wird es uns oft Mühe bereiten, die Belastungskennwerte anzugeben.

Aufgabe 1-1

Ergänzen Sie in der oberen Tabelle die letzte Spalte für Zug und Biegung mit den vorgegebenen Symbolen!

Weil angenommen werden muß, daß nicht alle DIN-Vorschriften zur Verfügung stehen, werden häufig beim Entwurf die Werte nach den Normzahlen DIN 323 (vgl.[2], S.18) gewählt. Kontrolliert werden muß bei der praktischen Ausführung, ob Teile mit diesen Maßen auch zur Verfügung stehen.

 Aufgabe 1-2

Informieren Sie sich, nach welchem System die Vorzugszahlen aufgebaut sind!

1.3 Voraussetzungen

Mathematik	Pythagoras; Winkelfunktionen; Gleichungslehre bis Exponentialgleichung; Umrechnung von Grad in Bogenmaß; räumliches Vorstellungsvermögen
Technische Mechanik	"Freimachen" von Körpern; Gleichgewichtsbedingungen; Wirkungsgrad; Spannungsarten bis zusammengesetzte Beanspruchung
Maschinenelemente	Übersetzungsverhältnis; Welle-Nabe-Verbindungen; Wellenberechnungen; Zahnräder; Riementriebe; Kupplungen
Fertigungstechnik	Schnittkraftberechnungen Leistungsberechnungen

2 Problemstellung

Zur Beförderung von Schüttgütern (Kies, Getreide, Salze, Erze u.ä.) in vertikaler Richtung können u.a. Becherwerke verwendet werden. An einem Gurt, Seil oder einer Kette sind in regelmäßigen Abständen Becher befestigt, die aus einer Mulde gefüllt werden oder sich selbst füllen (vgl. Bild 2 - 1).

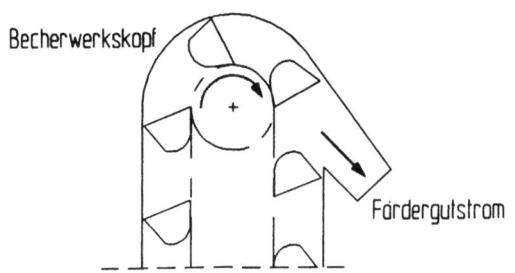

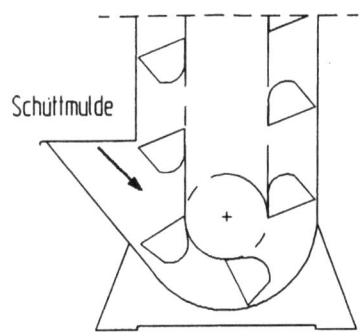

Bild 2 - 1

Die Eigenschaften der Schüttgüter sind für die Wirkungsweise des Gerätes von wesentlicher Bedeutung. Ist das Fördergut leicht fließbar (Getreide)? Oder gibt es beim Füllen und Entleeren der Becher Schwierigkeiten (Schotter; Lehm)? Zur Entleerung am "Kopf" des Gerätes ist die Geschwindigkeit der Becher von Bedeutung. Ist die Geschwindigkeit zu hoch, dann kann das Fördergut beim Umlenken auf Grund der Fliehkraft gegen die Becherwand gedrückt werden und wieder in den Schacht zurückfallen (die Form der Becherwand kann der Fliehkraftkurve angepaßt werden, um diesen Effekt zu vermeiden; der Fertigungsaufwand wird dadurch aber größer).

Ist die Fördergeschwindigkeit zu gering, kommt es ebenfalls nicht zur Entleerung in der gewünschten Höhe. Auch hier fällt das Gut wieder in den Schacht. Sie sehen also, daß die Eigenschaften des Fördergutes und die Fördergeschwindigkeit für die Berechnung immer beachtet werden müssen. Eingesetzt werden derartige Becherwerke z.B. in Mühlen, um das Getreide nach oben zu fördern.

⇨ *Aufgabe 2-1*
Welche Eigenschaften von Schüttgütern können die Auswahl des Fördergerätes und die Berechnung wesentlich beeinflussen?

⇨ *Aufgabe 2-2*
Erkunden Sie Möglichkeiten, Schüttgüter senkrecht nach oben zu fördern!

⇨ *Aufgabe 2-3*
Ergeben sich Unterschiede zwischen Stückgut- und Schüttgutförderung?

Für dieses Becherwerk soll ein Getriebe entworfen werden.

Aus dem Bild ist erkennbar, daß das Getriebe nur in einer Richtung beansprucht wird. Wesentlich für die weitere Berechnung ist, ob das Becherwerk kontinuierlich arbeiten kann. Liegt immer ausreichend Schüttgut vor (Mischanlage)? Oder erfolgt die Beschickung in Abständen (z.B. in einer Mühle - Anlieferung des Getreides in einer Schüttmulde erfolgt unregelmäßig)?

Für das Getriebe wird gefordert:
- **kurze Bauweise**
- **Antrieb unter dem Getriebe**
- **An- und Abtrieb auf entgegengesetzter Seite vorgesehen**
- **Welle und Ritzel bestehen nicht aus einem Stück**
- **das Getriebe wird nur einmal gefertigt**
- **der Einsatz wird für 3 Jahre - pro Jahr für 200 Tage - bei 3 Stunden täglich im Dauerbetrieb geplant**
- **im Betrieb wird mit Vollast gerechnet**
- **beim Füllen der Becher mit Schüttgut tritt gelegentlich Widerstand auf**

Alle weiteren Randbedingungen, die für die Berechnung von Bedeutung sind, sollen während des Rechenganges festgelegt werden. Der Konstrukteur müßte diese Teilfragen evtl. beim Auftraggeber entsprechend klären.

Als Hauptziel dieses Beispieles wird verfolgt, **die Welle 2 des Getriebes so zu entwerfen,** daß sie nach Vorgaben gefertigt werden kann. Eine komplette Berechnung dieses Getriebes wäre in diesem Rahmen zu umfangreich, läßt sich in leichteren Teilschritten aber weiterführen. Der konstruktive Aufbau des Becherwerkes und die Becherwerkselemente sollen hier nicht berechnet werden!

⇨ *Aufgabe 2-4*
Ermitteln Sie allgemein die erforderliche Motorleistung für das skizzierte Hubwerk, wenn F_Q als Traglast und v_{Hub} als Hubgeschwindigkeit bekannt sind!

Die erforderliche Motorleistung für den Antrieb eines Becherwerkes ergibt sich vereinfacht aus der Füllmenge je Becher mal Anzahl der Becher bei Beachtung der Schüttdichte des Fördergutes und des Füllgrades der Becher, die nach oben laufen. Da die entleerten Becher in der Abwärtsbewegung das Eigengewicht der Becher mit Schüttgut ausgleichen, kommt außer der Hubleistung noch ein Zusatzaufwand durch verschiedene Widerstände dazu, die pauschal mit einem Faktor berücksichtigt werden sollen (Hub-, Reibungs- und Schöpfleistung). Im Überschlag wurden für die erforderliche Antriebsleistung 6 kW bestimmt.

Mit dieser Leistung kann aus einem Motorkatalog ein entsprechender Elektromotor ausgewählt werden.

⇨ *Aufgabe 2-5*
Tragen Sie Gesichtspunkte zusammen, die für die Motorauswahl von Bedeutung sind!

⇨ *Aufgabe 2-6*
Informieren Sie sich über Betriebsarten, die bei Elektromotoren unterschieden werden! Ordnen Sie jeder Betriebsart einen praktischen Sachverhalt zu!

⇨ *Aufgabe 2-7*
Erläutern Sie die Bedeutung des Symbols IP 54!

2 Problemstellung

⇨ *Aufgabe 2-8*

Je nach Bauart haben die Elektromotoren unterschiedliche Eigenschaften.
Skizzieren Sie den grundsätzlichen Verlauf der Drehzahl-Drehmomenten-Kennlinie für
einen a) Gleichstrom-Nebenschlußmotor!
*   b) Gleichstrom-Reihenschlußmotor!*
*   c) Synchronmotor!*
*   d) Drehstrom-Asynchronmotor*
*   mit Schleifringläufer;*
*   mit Kurzschlußläufer!*

⇨ *Aufgabe 2-9*

Wie kann die Drehzahlstellung von Elektromotoren erfolgen?

Für das gewählte Beispiel wird ein Drehstrom-Asynchronmotor mit Kurzschlußläufer eingesetzt. Die Motordrehzahl wird aus dem Katolog mit $n_{mot} = 975$ min^{-1} bei einer Motorleistung von P = 6 kW entnommen. Weiter sind Kriterien zu beachten, die unter Frage 2-5 erfragt wurden!
Auf Grund der Eigenschaften des Schüttgutes, das nicht kontinuierlich angeliefert wird, ergibt sich eine erforderliche Drehzahl für das Antriebsrad des Becherwerkes von $n_{ab} = 25$ min^{-1}.

Die hohe Drehzahl des Motors muß durch ein Getriebe umgewandelt werden.

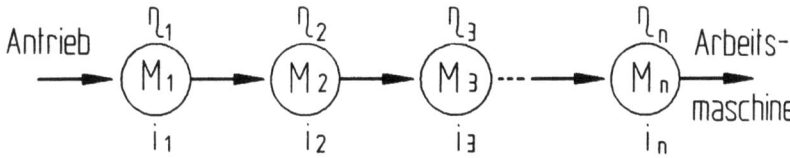

Bild 2 - 2

Dabei treten Leistungsverluste auf. Die werden im Wirkungsgrad η berücksichtigt. Den Wirkungsgrad der einzelnen Maschinenelemente können Sie erst genauer angeben, wenn Sie mehr über die Gestaltung der Baugruppe wissen. In der Entwurfsphase sind also Annahmen zu treffen, die evtl. später korrigiert werden müssen.

⇨ *Aufgabe 2-10*

Sie haben die verschiedensten Möglichkeiten der mechanischen Drehzahlumwandlung kennengelernt. Für welche Variante entscheiden Sie sich?
Begründen Sie Ihre Wahl!

⇨ *Aufgabe 2-11*

Welche Kriterien beeinflussen die Getriebeauswahl?

⇨ *Aufgabe 2-12*

*Erklären Sie, was man unter dem mechanischen Wirkungsgrad versteht!
Informieren Sie sich über "übliche" Werte für Gleitlager, Wälzlager, Elektromotoren!
Welche Größen beeinflussen der Wirkungsgrad?*

Ein Vorentwurf für das geplante Getriebe könnte folgendermaßen aussehen:

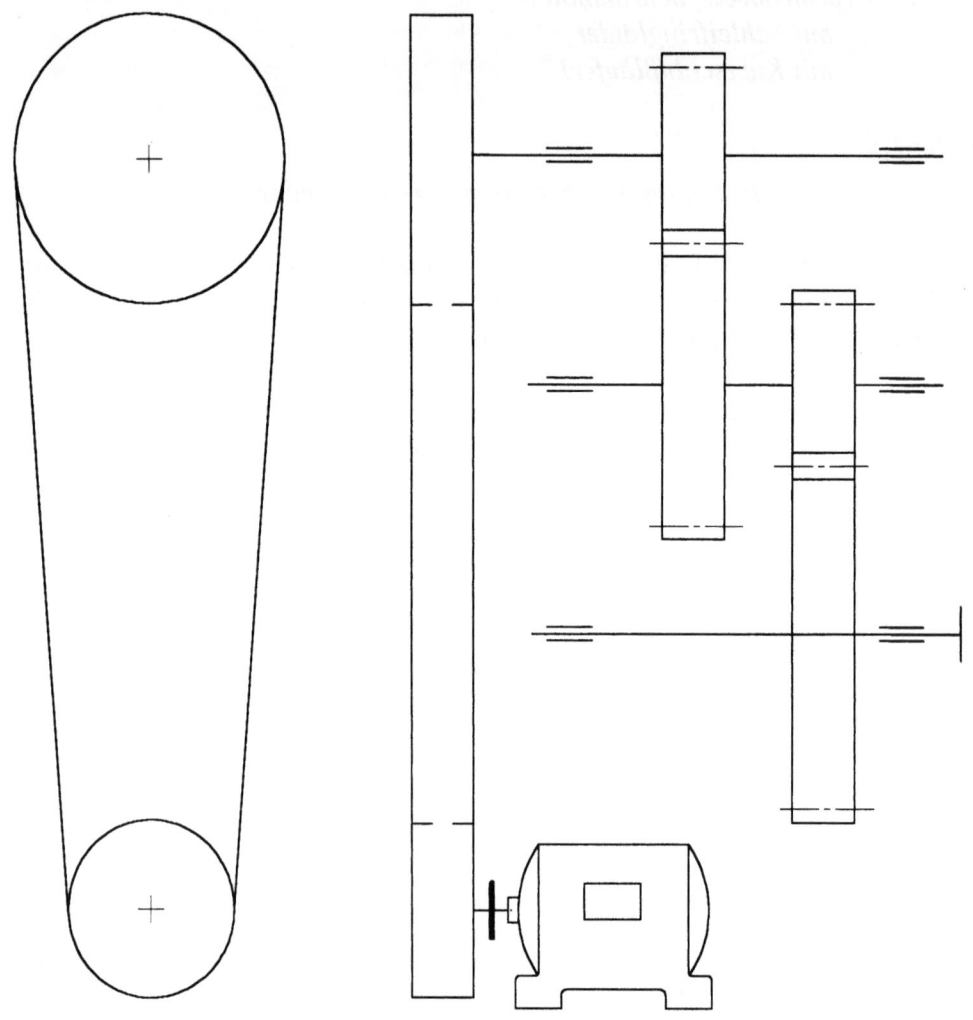

Bild 2 - 3

⇨ *Aufgabe 2-13*

Überlegen Sie sich, wie sich von Antrieb zu Abtrieb (bei einer Übersetzung vom Schnellen ins Langsame!)
  1.) die Leistung ändert, wenn der Wirkungsgrad vernachlässigt wird!
  2.) die Leistung ändert, wenn der Wirkungsgrad berücksichtigt wird!
  3.) das Moment ändert, wenn der Wirkungsgrad unbeachtet bleibt!
  4.) das Moment ändert, wenn der Wirkungsgrad nicht ignoriert wird!
  5.) die Umfangskraft an den Zahnrädern ändert!
  6.) die Umfangsgeschwindigkeiten verändern!

2 Problemstellung

Dieser Vorschlag löst zwar das Problem, realisiert aber nicht die Forderung **kurze Bauweise** (vgl. S.8). Deshalb wird folgende Lösung vorgeschlagen:

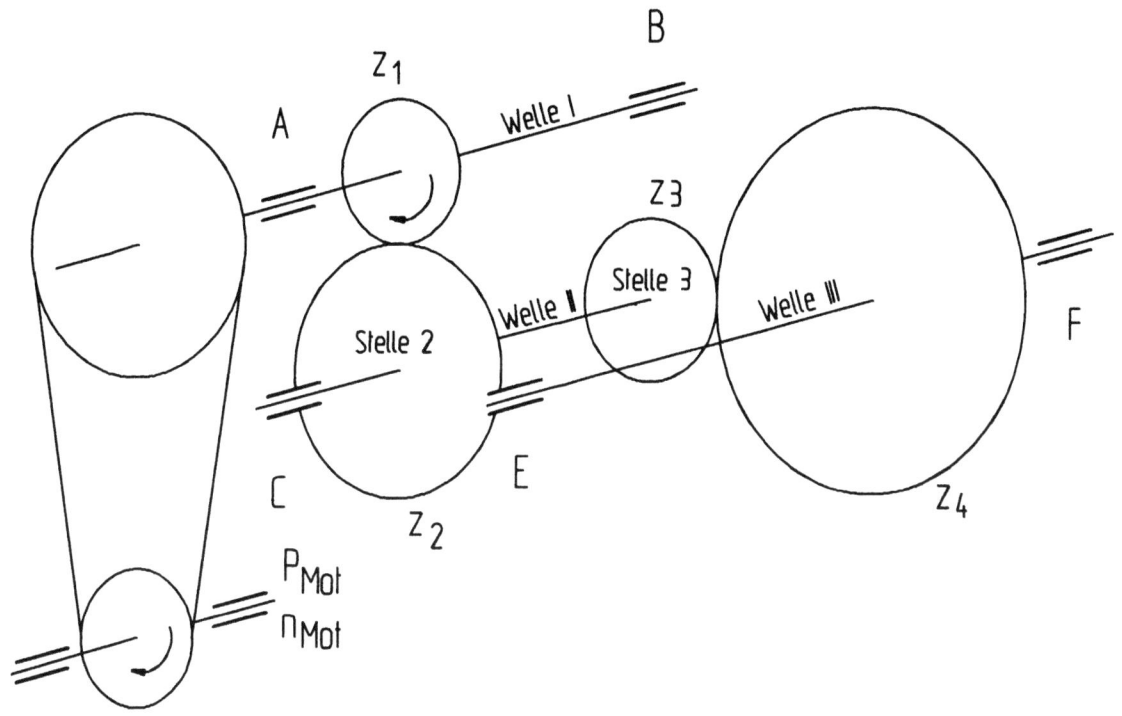

Bild 2 - 4

⇨ *Aufgabe 2-14*
   Zeichnen Sie den Vorschlag für das Zahnradgetriebe nach Bild 4 - 2 in drei Ansichten!

⇨ *Aufgabe 2-15*
   Stellen Sie Vor- und Nachteile der gerad- und schrägverzahnten Zahnräder gegenüber!

Die treibende Keilriemenscheibe könnte auch direkt auf der Motorwelle angebracht werden!

3 Kenngrößen

3.1 Hauptabmessungen

Bekannte Werte: $n_{an} = n_{Mot} = 975 \text{ min}^{-1}$;
$n_{ab} = 25 \text{ min}^{-1}$

Übersetzungen und Zähnezahlen

Gesamtübersetzung $i_{ges} = n_{an}/n_{ab} = 975/25 = 39$

⇨ *Aufgabe 3.1-1*
Informieren Sie sich, in welchem Bereich für einen Riementrieb das Übersetzungsverhältnis sinnvoll gewählt werden kann!

Für die Riemenübersetzung wird gewählt: $i_{Rie} = 3$

Damit ergibt sich für die Zahnradübersetzung $i_{Zahn} = 13$

⇨ *Aufgabe 3.1-2*
Kontrollieren Sie das Ergebnis!

Für ein geradverzahntes Stirnradpaar kann für i maximal 6 bis 8 gewählt werden; damit sind 2 Zahnradpaare erforderlich. Es bietet sich an, für beide Zahnradstufen das gleiche Übersetzungsverhältnis anzunehmen:

$$i_{1,2} = i_{3,4} = \sqrt{13} = 3{,}6$$

Aus Übungsgründen wird für die erste Stufe $i_{1,2} = 3{,}9$ gewählt.

⇨ *Aufgabe 3.1-3*
Bestimmen Sie das Übersetzungsverhältnis für die 2. Zahnradstufe!

$$i_{1,2} \cdot i_{3,4} = 13 \rightarrow i_{3,4} =$$

Die Zähnezahlen für die Räder 1 und 3 müssen gewählt werden

$$z_1 = 20 \qquad z_3 = 20$$

⇨ *Aufgabe 3.1-4*
Die Zähnezahl wird u. a. in Abhängigkeit von der Umfangsgeschwindigkeit des Zahnrades gewählt. Sie kennen noch keine Zahnraddurchmesser. Sie sind deshalb auch nicht in der Lage, eine Umfangsgeschwindigkeit zu bestimmen. Informieren Sie sich über Auswahlregeln für Zähnezahlen!

3.1 Hauptabmessungen

⇨ *Aufgabe 3.1-5*
Bestimmen Sie die Zähnezahlen für z_2 und z_4 auf Grund des bestimmten Übersetzungsverhältnisses!
Hinweis: Runden Sie die Zähnezahl, wenn erforderlich, auf!

Wird das Übersetzungsverhältnis mit den gewählten Zähnezahlen überprüft, so ergibt

$$i_{vorh} = i_{Rie} \cdot i_{1,2} \cdot i_{3,4} = \frac{z_2 \cdot z_4}{z_1 \cdot z_3} \cdot i_{Rie}$$

$$i_{vorh} = 3 \cdot 3{,}9 \cdot 3{,}35 = 39{,}2$$

Auf Grund der gewählten 67 Zähne ändert sich auch die Abgangsdrehzahl auf 24,9 Umdrehungen pro Minute.

Zusammenfassung

Für die Drehzahlen der einzelnen Wellen folgt damit

Welle I n_I = 325 min^{-1}

Welle II n_{II} = 83,3 min^{-1}

Welle III n_{III} = 24,9 min^{-1}

⇨ *Aufgabe 3.1-6*
Überprüfen Sie die angegebenen Ergebnisse!

Die Drehzahlen werden u.a. gebraucht, wenn Wälzlager ausgewählt werden sollen (Drehzahlfaktor f_n)!
Dabei ist noch nicht beachtet, ob das Riemenübersetzungsverhältnis mit 3 eingehalten werden kann (Achsabstand; Riemenscheibendurchmesser)!

3.2 Drehmomente

Sollen einzelne Bauteile des Getriebes berechnet werden, dann muß die Belastung dafür bekannt sein. Da das Getriebe noch nicht im Detail entworfen ist, können nur über die Größe der Drehmomente Aussagen gemacht werden. Hier soll schrittweise die Belastung bei Beachtung des Wirkungsgrades berechnet werden.

Für die Wirkungsgrade wurden folgende Annahmen getroffen:

Riemenwirkungsgrad	η_{Rie} = 0,96	- die Bewegung des Riemens bringt Verluste!
Lagerwirkungsgrad	η_L = 0,99	- bereits hier muß eine Entscheidung getroffen werden, welche Lagerart geplant ist! Es sollen Wälzlager verwendet werden!
Verzahnungswirkungsgrad	η_V = 0,98	- Ursache sind die Bewegungen der Zahnflanken gegeneinander!

Weitere Wirkungsgrade (Planschverluste durch die Bewegung des Getriebeöls u.a.) könnten noch berücksichtigt werden. Hier wird aber darauf verzichtet.

Von den gewählten Zahnrädern sind zunächst nur die Zähnezahlen bestimmt worden. Der Modul muß in Abhängigkeit von der Belastung ermittelt werden. Mit dem gewählten Modul lassen sich die Zahnbreiten berechnen. Mit den Zahnbreiten können erstmals Aussagen über den ungefähren Lagerabstand der Wellen gemacht werden. Mit den Teilkreisdurchmessern der Zahnräder können die auftretenden Umfangskräfte bestimmt werden. Dann sind genauere Angaben über die Belastung der Wellen möglich.

Bekannte Werte: $P = 6$ kW $\quad \eta_{Rie} = 0{,}96 \quad n_{Mot} = 975$ min^{-1}
$\qquad\qquad\qquad\quad c_B = 1{,}4 \quad\; \eta_L = 0{,}99 \quad\; n_I = 325$ min^{-1}
$\qquad\qquad\qquad\qquad\qquad\quad\; \eta_V = 0{,}98 \quad\; n_{II} = 83{,}3$ min^{-1}
$\qquad\qquad\qquad\qquad\qquad\qquad\qquad\qquad\; n_{III} = 24{,}9$ min^{-1}

3.2.1 Nenndrehmoment der Antriebsmaschine

$$T_{Nenn} = 9550 \, P / n = 9550 \cdot 6 / 975 = 58{,}77 \text{ Nm}$$

3.2.2 Drehmoment am Antrieb, das der Berechnung zugrunde gelegt wird

Würde das Moment aus 3.2.1 zur Grundlage der Berechnung gemacht, dann wären keine Sicherheiten vorhanden, die besonderen Anforderungen an die Arbeitsmaschine blieben unberücksichtigt. Das ist z.B. von Bedeutung, wenn eine Mühle dimensioniert wird. Soll damit Getreide oder Schotter gemahlen werden? Es ist einzusehen, daß die Belastungen ganz unterschiedlich sein können. Der Betriebsfaktor wird entsprechenden Vorschriften entnommen und wurde hier mit c_B = 1,4 gewählt. Nach [2], S.40, TB 3-6a wäre auch ein kleinerer Wert möglich.

$$T = 1{,}4 \cdot T_{Nenn} = 1{,}4 \cdot 58{,}77 \text{ Nm} = 82{,}28 \text{ Nm}$$

3.2 Drehmomente

3.2.3 Drehmoment an der Welle I bei Nabenbefestigung von z_1

Beachten Sie: Wird der Festigkeitsberechnung der Welle I zugrunde gelegt.

Es gibt 2 grundsätzliche Möglichkeiten, das Moment an einer beliebigen Stelle zu berechnen:

- über $T = \dfrac{P}{n} \cdot 9550$ bei Beachtung von η

Die Drehzahlen für die entsprechenden Wellen wurden unter 3.1 berechnet.

- über $i = \dfrac{T_2}{T_1 \cdot \eta} \Rightarrow T_2 = T_1 \cdot i \cdot \eta$

Für das folgende Beispiel soll die 2. Variante zur Lösung angewendet werden!

$$T_1 = T \cdot i_{\text{Rie}} \cdot \eta_{\text{Rie}} \cdot \eta_L^2 = 82{,}28\,\text{Nm} \cdot 3 \cdot 0{,}96 \cdot 0{,}99^2 = 232{,}3\,\text{Nm}$$

3.2.4 Drehmoment, das Ritzel z_1 abgibt

Beachten Sie: Wird der Berechnung der Kräfte und der Ermittlung des Moduls der Räder z_1 und z_2 zugrunde gelegt.

$$T_1' = T_1 \cdot \eta_L^2 = 232{,}3\,\text{Nm} \cdot 0{,}99^2 = 227{,}7\,\text{Nm}$$

3.2.5 Drehmoment an der Welle II bei Nabenbefestigung von z_2

Beachten Sie: Wird der Festigkeitsberechnung der Welle II zugrunde gelegt.

$$T_2 = T_1' \cdot i_{1,2} \cdot \eta_V \cdot = 227{,}7\,\text{Nm} \cdot 3{,}9 \cdot 0{,}98 = 870{,}2\,\text{Nm}$$

3.2.6 Drehmoment, das Ritzel z_3 abgibt

Beachten Sie: Wird der Berechnung der Kräfte und der Ermittlung des Moduls der Räder $z_3 + z_4$ zugrunde gelegt.

⇨ *Aufgabe 3.2-1*

Bestimmen Sie zur Übung das Moment an dieser Stelle auch über $T = 9550\ P/n$!
Hinweis: Beachte Betriebsfaktor $c_B = 1{,}4$ nach 3.2.2!

$T_2' =$

3.2.7 Drehmoment an der Welle III bei Nabenbefestigung von z_4.

| Beachten Sie: | Wird der Festigkeitsberechnung der Welle III zugrunde gelegt. |

⇨ *Aufgabe 3.2-2*

Formulieren Sie den Ansatz für die Welle III selbständig!

$T_3 =$

3.2.8 Drehmoment am Abtriebswellenstumpf

| Beachten Sie: | Wird der Auswahl der standardisierten Kupplung zugrunde gelegt. |

$$T_{ab} = T_3 \cdot \eta_L^2 = 2800\ \text{Nm} \cdot 0{,}99^2 = 2744\ \text{Nm}$$

oder

$$T_{ab} = T \cdot i_{ges} \cdot \eta_{ges} = 82{,}28\ \text{Nm} \cdot 39{,}2 \cdot \eta_{ges} = 2745\ \text{Nm}$$

bei $\eta_{ges} = \eta_L^8 \cdot \eta_V^2 \cdot \eta_{Rie} = 0{,}998 \cdot 0{,}98^2 \cdot 0{,}96 = 0{,}851$

⇨ *Aufgabe 3.2-3*

Kontrollieren Sie, wie sich der Gesamtwirkungsgrad ändert, wenn statt $\eta_L = 0{,}99$ ein ungünstigerer Lagerwirkungsgrad angenommen wird (z.B. 0,96)! Wie wirkt sich das bei demselben Antrieb auf das Abtriebsmoment aus?

| Beachten Sie: | Sie können feststellen, daß ein schlechterer Wirkungsgrad die gesamte Berechnung maßgebend beeinflußt. Je mehr Teile sich bewegen, gegeneinander reiben, um so größer sind die Verluste. Aber auch der Fertigungs- und Montageaufwand kann dadurch größer werden. Zielstellung ist also, möglichst einfach zu bauen. |

3.2 Drehmomente

Zusammenfassung

Folgende Drehmomente wurden für die weitere Berechnung bestimmt:

$$T = 82{,}28 \text{ Nm}$$
$$T_1 = 232{,}3 \text{ Nm}$$
$$T_1' = 227{,}7 \text{ Nm}$$
$$T_2 = 870{,}2 \text{ Nm}$$
$$T_2' = 853 \text{ Nm}$$
$$T_3 = 2800 \text{ Nm}$$
$$T_3' = 2744 \text{ Nm}$$

⇨ *Aufgabe 3.2-4*

Tragen Sie die Momente in die Abbildung auf Seite 11 (Bild 2-4) ein, um bei der weiteren Berechnung einen besseren Überblick zu behalten!

Am Zahlenbeispiel können Sie erkennen, daß mit jeder Getriebestufe bei der Übersetzung vom Schnellen ins Langsame das Moment zunimmt (vom Einfluß des Wirkungsgrades abgesehen!). Die erforderlichen Durchmesser der Wellen werden also größer! Dabei ist es gleichgültig, ob Sie verschiedene Zahnradpaare oder verschiedene Getriebe kombinieren.

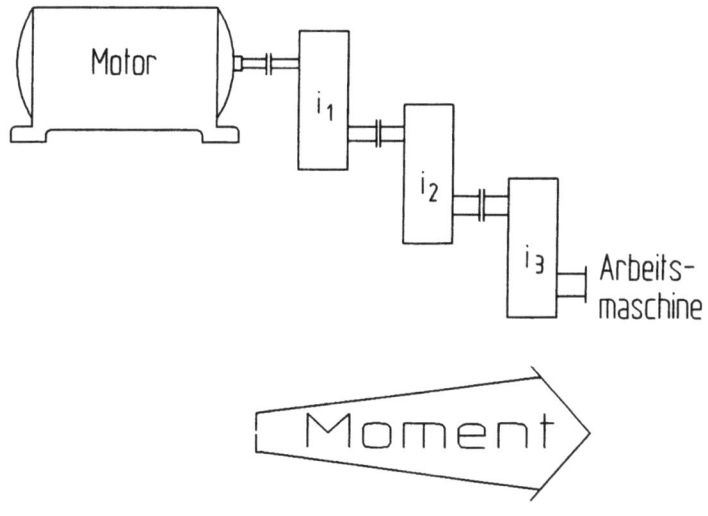

Bild 3 - 1

⇨ *Aufgabe 3.2-5*

Überlegen Sie, ob bei einem schaltbaren Getriebe auch diese aufwendigen Berechnungen für alle möglichen Schaltstellungen nötig wären, um beispielsweise den erforderlichen Durchmesser der Abtriebswelle zu bestimmen!

Aufgabe 3.2-6
Bestimmen Sie für das vorgegebene Schaltgetriebe die größte und kleinste mögliche Drehzahl und das Maximalmoment am Getriebeausgang!

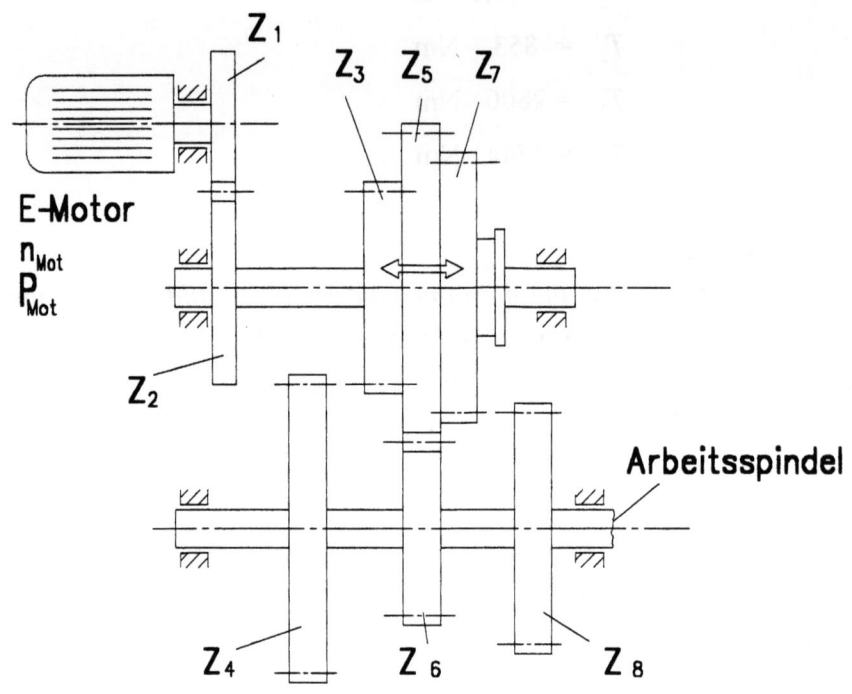

Bild 3-2

$z_1 = 16 \quad z_2 = 44 \quad z_3 = 25 \quad z_4 = 46$

$z_5 = 32 \quad z_6 = 40 \quad z_7 = 28 \quad z_8 = 43$

$n_{Mot} = 710 \text{ min}^{-1} \qquad P_{Mot} = 10 \text{ kW}$

Der Wirkungsgrad wird vernachlässigt!

3.3 Vorausbestimmung des Wellendurchmessers der Welle II

Die Welle wird auf Biegung und Verdrehung beansprucht. Da das wirkende Biegemoment und die genaue Gestalt der Welle noch unbekannt sind, erfolgt eine Berechnung zunächst im Überschlag! Da die Drehzahlen der Wellen bekannt sind, liegt für Biegung wechselnde Belastung (Lastfall III) vor. Für das Drehmoment kann, da das Becherwerk kontinuierlich läuft, Lastfall I angenommen werden. Berücksichtigt man die unterschiedlichen Widerstände beim "Schöpfen" des Fördergutes, dann wäre auch Lastfall II (schwellende Belastung) als Annahme vertretbar. Wichtig ist, daß Sie den Unterschied der Lastfallannahmen erkennen!

> **Beachten Sie:** Für Biegung kann ein anderer Lastfall als für Verdrehung gelten. Durch die Angabe der Drehzahl der Welle wird ausgesagt, daß Lastfall III für Biegung – Wechselbiegung – vorliegt.

3.3.1 Werkstoff der Welle II

Die Auswahlmöglichkeiten sind hier sehr vielfältig. Sinnvoll ist es, auf gängige Werkstoffe zurückzugreifen, wenn die Festigkeitsforderungen erfüllt werden.

⇨ *Aufgabe 3.3-1*
Welche Werkstoffe kommen für normal beanspruchte Achsen und Wellen in die engere Auswahl?

⇨ *Aufgabe 3.3-2*
Informieren Sie sich, was für besondere Eigenschaften Werkstoffe haben müssen, die für Wellen geeignet sein sollen.

Gewählt: **St 50**

3.3.2 Zulässige Spannungen

Die Welle II wird dynamisch beansprucht. Eine Berechnung der zulässigen Spannung auf Grund der Gestalt nach [4] ab Seite 199 ist noch nicht möglich. So wird zunächst für $\tau_{t\,zul} = 30$ N/mm² gewählt (vgl. Anl.1).

3.3.3 Erforderlicher Wellendurchmesser

Es kann hier nur das Torsionsmoment nach 3.2.5, S. 15 berücksichtigt werden. vgl. [4], S. 190, 191.

$$\tau_t = \frac{T}{W_p} \Rightarrow W_{perf} = \frac{T_{vorh}}{\tau_{tzul}} = \frac{\pi}{16} \cdot d^3 \Rightarrow$$

$$d_{erf} = \sqrt[3]{\frac{T_{vorh} \cdot 16}{\pi \cdot \tau_{tzul}}}$$

$$d_{erf} = \sqrt[3]{\frac{870{,}2 \text{ Nm} \cdot \text{mm}^2 \cdot 16}{\pi \cdot 30 \text{ N}}} = 52{,}9 \text{ mm} \qquad\qquad vgl.\ auch\ [1],\ S.\ 61,\ Gl.\text{-}Nr.\ 11.5$$

⇨ *Aufgabe 3.3-3*

Berechnen Sie den erforderlichen Wellendurchmesser der Welle I!

4 Riementrieb

4.1 Vorbemerkungen

In der Aufgabenstellung wurde gefordert, daß der Antrieb unter dem Getriebe liegen soll. Der relativ große Abstand zur Welle I kann mit einem Riementrieb überbrückt werden. Allerdings ist der Abstand noch nicht bekannt. Es gibt noch keinen Entwurf für die Zahnräder und damit noch keine Durchmesserwerte, durch die der Abstand bestimmt wird.
Um die Achskräfte zu vermindern und einen weicheren Anlauf zu ermöglichen, wird ein Keilriemenantrieb vorgesehen. Bei unvorhersehbarem "Klemmen" in der Mulde des Becherwerkes beim Aufnehmen des Schüttgutes dient der Riemen als Überlastschutz.

⇨ *Aufgabe 4-1*
Vergleichen Sie die Vor- und Nachteile des Riementriebes gegenüber dem Zahnradtrieb!

⇨ *Aufgabe 4-2*
Wieso wird bei einem Keilriementrieb die Achsbelastung geringer als bei einem Flachriementrieb? Weisen Sie das exakt nach!

⇨ *Aufgabe 4-3*
Für die Berechnung des Riementriebes ist der Umschlingungswinkel von Bedeutung. Wie kann der Umschlingungswinkel auf Grund der geometrischen Vorgaben
   – für einen offenen,
   – für einen gekreuzten Riementrieb berechnet werden?

⇨ *Aufgabe 4-4*
Welcher Abstand muß durch den Riementrieb für das Getriebe nach Bild 2 - 4, Seite 11 mindestens überbrückt werden? Angaben sind zunächst nur allgemein möglich!

4.2 Riemenauswahl

Bekannte Werte: $P = 6 \text{ kW}$ $n_{\text{Mot}} = 675 \text{ min}^{-1}$ $i_{\text{Rie}} = 3$
Betriebsverhältnisse: leichter Anlauf; relativ selten; Vollast; sicherheitshalber mäßige Stöße; tägliche Betriebsdauer 3 h

Die Berechnungsformeln werden [1], ab Seite 116 entnommen.

Die Wahl des Schmalkeilriemenprofils DIN 7753 erfolgt nach [2], S.181

$$P' = c_B \cdot P$$

4 Riementrieb

Es wird leichter Anlauf angenommen. Durch eine entsprechende Steuerung soll gesichert werden, daß die Becher erst alle entleert sind, bevor das Becherwerk beim Ausschalten zum Stehen kommt. Auch muß die Möglichkeit bestehen, in einem Notfall trotzdem das Becherwerk sofort auszuschalten.

⇨ *Aufgabe 4-5*
Was kann passieren, wenn diese Festlegung nicht getroffen wird?

⇨ *Aufgabe 4-6*
Erstellen Sie einen entsprechenden Schalt- und Logikplan für das Becherwerk!

Beim Einschalten ist der Schöpfwiderstand der ersten Becher für Getreide nicht so groß, so daß er in der Rechnung nicht besonders beachtet werden muß.
Aus dem Richter-Ohlendorfschen Diagramm [2], S.40, TB 3-6 ergibt sich für $c_B = 1{,}35$ bei einem Elektromotor – leichter Anlauf, relativ selten – Vollast – mäßige Stöße (Annahme zur Sicherheit!) – Riemen – 3 h

$$P' = 1{,}35 \cdot 6 \text{ kW} = 8{,}1 \text{ kW}$$

Nach [2], S. 181, TB 16-11 wird für $n = 975 \text{ min}^{-1}$ gewählt Schmalkeilriemen **TYP SPZ**

Der Wirkdurchmesser der Keilscheibe wird bewußt größer gewählt, weil vermutet wird, daß der geforderte Abstand Welle I zu Motorwelle relativ groß wird. $d_{r1} = 100$ mm

> **Beachten Sie:** Auf Grund des angenommenen Übersetzungsverhältnisses des Riementriebes $i_{Rie} = 3$ (vgl. 3.1!,S.12) ergeben sich nach R 40 DIN 323 (vgl. [2], S.18, TB 1-14) für $d_{r2} = 300$ mm. Damit ist $i_{Rie} = 3$ eingehalten. Bei einer anderen Wahl der Durchmesser müßten bereits unter 3.1 nochmals neue Zähnezahlen für das Zahnradgetriebe bestimmt werden. Damit müßte mit neuen Werten die Rechnung wieder begonnen werden. Sicher wird eine nochmalige Kontrolle erforderlich, wenn die Getriebeabmaße bekannt sind.

Wellenmittenabstand [1], S.119, Gl.-Nr. 16.28

$$e' = 0{,}7\ldots2\,(d_{r1} + d_{r2}) = 0{,}7\ldots2\,(100 + 300) \approx 450 \text{ mm}$$

rechnerische Wirklänge [1], S.119; Gl.-Nr. 16-29

$$L_{wr} \approx 2e' + \pi/2(d_{r1} + d_{r2}) + (d_{r2} - d_{r1})^2/4e'$$

$$L_{wr} \approx 2 \cdot 450 + \pi/2(100 + 300) + (300 - 100)^2/4 \cdot 450$$

$$L_{wr} \approx 1550 \text{ mm}$$

4.2 Riemenauswahl

als Standardwirklänge nach DIN 7753, R 20 ergeben sich 1600 mm.

Damit läßt sich der tatsächliche Wellenmittenabstand mit
L_w = 1600 mm, d_{r1} = 100 mm; d_{r2} = 300 mm nach [1], S.119, Gl.-Nr. 16-33 berechnen.

⇨ *Aufgabe 4-7*
Kontrollieren Sie, welcher der vorgegebenen Werte stimmt!

a) 425,3 mm   b) 475,3 mm   c) 525,3 mm

An dieser Stelle wird die Berechnung des Keilriemens zunächst abgebrochen, da nach der Zahnradberechnung erst kontrolliert werden soll, ob der Wellenmittenabstand sinnvoll ist. Wenn das nicht der Fall sein sollte, dann ändern sich die Keilriemendaten und damit die Zahnradübersetzungen und die Drehmomente. Es müßte praktisch noch einmal von vorn begonnen werden!

5 Bestimmung der geradverzahnten Zahnräder

Der Entwurf eines Zugstabes sollte Ihnen keine Schwierigkeiten bereiten. Sollen Sie einen Biegeträger entwerfen, dann ist in der Regel der Aufwand größer. Aber auch hier können Sie das erforderliche Profil über das erforderliche Widerstandsmoment bestimmen. Doch nach welchen Gesichtspunkten werden Zahnräder entworfen?

Mit dem Modul des Zahnrades lassen sich u.a. die Teilkreisdurchmesser und die Zahnbreite berechnen. Diese Werte müssen bekannt sein, um die Wellen des Getriebes genauer gestalten zu können. Der Modul ist ein Rechenwert, auf den sich alle übrigen Rechengrößen der Verzahnung beziehen.

In den nächsten Schritten wird der erforderliche Modul des Zahnradpaares z_1, z_2 ermittelt. Verfolgen Sie den Rechengang sehr kritisch. Sie sollen anschließend den Modul für die Zahnräder z_3, z_4 selbständig berechnen.

5.1 Zahnradwerkstoffe

Häufig werden Sie in der Literatur lesen, daß auf Grund von "Erfahrungen" gewählt wird... In der Lernphase kann darauf nicht zurückgegriffen werden. So können Sie sich zunächst nur an allgemeine Regeln halten, die natürlich auch auf Erfahrungen beruhen.

⇨   *Aufgabe 5.1-1*
   Informieren Sie sich über Eigenschaften, die für einen Zahnradwerkstoff bedeutungsvoll sind!

Angestrebt wird ein großer Härteunterschied der Stähle für die ineinandergreifenden Zahnräder, um den Verschleiß zu vermindern. Die Oberflächenqualität der Zahnflanken ist von Bedeutung für die Wirkungsweise der Zahnräder. Dabei werden bei einer Übersetzung vom Schnellen ins Langsame die kleineren Zahnräder (Ritzel) aus dem festeren Werkstoff hergestellt (die Zähne sind öfter im Eingriff!).

Für die Werkstoffauswahl erhalten Sie Hinweise nach [3], S. 543 bzw. [2], S. 2, TB 1- 4 bzw. S.156/157, TB 15-15 und TB 15-16.

Gewählt: Einsatzstahl 16 MnCr5 nach DIN 17210

5.2 Bestimmung des erforderlichen Moduls

Die Auswahl ist abhängig von der Belastung des Zahnrades.

⇨   *Aufgabe 5.2-1*
   Welche Beanspruchungen treten bei einem Zahnrad im Betrieb auf?

Sie haben sicher schon einen Stift (Niet) berechnet, der auf Scheren und Flächenpressung beansprucht wurde. Die Auswahl erfolgte nach dem ungünstigeren Fall. Ähnlich ist bei der Dimensionierung von Zahnrädern vorzugehen. Es wird der erforderliche Modul bestimmt, wenn Biegung maßgebend wäre. Dann erfolgt die Berechnung für die Flächenpressung an den Zahnflanken. Der größere erforderliche Modul wird bei Beachtung der Normung gewählt (vgl. [2],S. 148, TB 15-1).

5.2 Bestimmung der erforderlichen Moduls

Zahnradpaar	$z_1; z_2$	$z_3; z_4$
erf. Modul auf Grund der Biegung		
erf. Modul auf Grund der Flankenpressung		
gewählter Modul		

Dieser Weg ist sehr aufwendig und erfordert schon viele Festlegungen. Deshalb wird der Modul oft zunächst nur im Überschlag bestimmt. Geklärt werden muß bereits hier, ob das Ritzel direkt auf die Welle eingearbeitet wird (als Ritzelwelle) oder ob das Zahnrad auf der Welle befestigt wird. Die Entscheidung hängt u.a. von den Größenverhältnissen Welle-Zahnrad ab. Bei Planetengetrieben ist der Durchmesser für das Sonnenrad oft sehr klein, so daß eine Ritzelwelle vorgesehen wird. Bei einer anderen Festlegung würde der Durchmesser der Welle (Welle-Nabe-Verbindung!) weiter geschwächt. Das Drehmoment ist dann nicht mehr übertragbar.

Hier wird vorgesehen, das Zahnrad auf der Welle zu befestigen. Folgender Weg ist für den Überschlag möglich (vgl. [3], S. 538):
Für den Teilkreisdurchmesser wird etwa 2 x der Wellendurchmesser gesetzt. Nach 3.3.3, S.20 war er für die Welle II mit 53 mm vorbestimmt worden. Aus der Beziehung
$d_1 = m \cdot z$ folgt $m' \approx d'_3/z_3 \approx (2 \cdot 53)/20 = 5,3$.
Bestimmt man d'_3 genauer ($d' = (1,8 \cdot d_{sh} \cdot z)/(z - 2,5)$), so erhält man für $m' = 5,45$.
Sie werden feststellen, daß der Modul bei einem anderen Rechenweg kleiner gewählt werden kann.

⇨ *Aufgabe 5.2-2*
Bestimmen Sie nach diesem Verfahren den erforderlichen Modul für die Zahnräder 1/2!

Damit ist eine Orientierung für die Größe des Moduls gegeben. Häufig ergeben "grobe Faustregeln" bei geringstem Rechenaufwand recht brauchbare Ergebnisse. Die Frage ist, ob eine genauere Berechnung einen "besseren" Modul ergibt. Grundsätzlich gilt auch hier – wie bei allen unseren Überlegungen – der Grundsatz: so sicher wie nötig, so klein wie möglich!
Bei Beispielen zur Berechnung von Zahnrädern werden Sie feststellen, daß meist der Modul bereits gegeben ist. Hier soll der erforderliche Modul nun über die zulässige Biegespannung bzw. zulässige Flankenpressung bestimmt werden. Die erforderlichen Gleichungen dazu ($m_{nerf} \approx ....$) wurden Zirpke, Kurt: Zahnräder; VEB Fachbuchverlag Leipzig 1985 entnommen.

Bekannte Werte: geradverzahntes Zahnrad aus 16 MnCr5
$T_1 = 227,7$ Nm; $z_1 = 20$ Zähne; $u = 3,9$

5.2.1 Bestimmung des erforderlichen Moduls auf Grund der Biegung für Ritzel z_1

$$m_{\text{nerf}} \approx \sqrt[3]{\frac{4\,T_1 \cdot \cos^2 \beta}{\sigma_{\text{b1zul}} \cdot z_1^2 \cdot (b/d_1)}}$$

vgl. [11], S. 105 (3.81)
oder S. 156 (4.48)

$T_1 = 227{,}7$ Nm *nach 3.2.4, S. 15*

$\beta = 0$, da geradverzahnte Stirnräder

$z_1 = 20$ *nach 3.1, S. 12*

$b_1/d_1 = 0{,}9$ *nach [2], S. 154, TB 15-13*

$\sigma_{\text{b1zul}} = \sigma_{\text{Flim}}/1{,}2$ $\sigma_{\text{Flim}} \approx 310 \dots 500$ N/mm^{-2} *vgl. [2], S. 157, TB 15-16*

$\sigma_{\text{b1zul}} = 310$ N/mm$^2/1{,}2 \approx 260$ N/mm^{-2}

$$m_{\text{nerf}} \approx \sqrt[3]{\frac{4 \cdot 227{,}7\,\text{Nm}}{260\,\text{Nm}^{-2} \cdot 20^2 \cdot 0{,}9}} = 2{,}13\ \text{mm}$$

5.2.2 Bestimmung des erforderlichen Moduls auf Grund der Flankenpressung für Ritzel 1

$$m_{\text{nerf}} \approx \frac{10}{z_1} \sqrt[3]{\frac{y_G \cdot T_1}{(b/d_1) \cdot p_{\text{zul}}^2} \cdot \frac{u+1}{u}}$$

vgl. [11], S.112 (3.99)
oder S.158 (4.54)

$i_{1,2} = u_{1,2} = 3{,}9$ *nach 3.1, S.12*

$p_{\text{zul}} \approx \sigma_{\text{H lim}}/1{,}5$ $\sigma_{\text{H lim}} = 1300\dots1500$ N/mm^{-2} *nach [2], S. 157, TB 15-16*

$p_{\text{zul}} \approx 1500$ N/mm$^{-2}/1{,}5 = 1000$ N/mm^{-2}

$y_G \approx 400$ N/mm^2 für St/St *vgl. [11], S.113*

$$m_{\text{nerf}} \approx \frac{10}{20} \sqrt[3]{\frac{400\,\text{N}/\text{mm}^2 \cdot 227{,}7\,\text{Nm}}{0{,}9 \cdot (1000\,\text{N}/\text{mm}^2)^2 \cdot \text{mm}^2} \cdot \frac{3{,}9+1}{3{,}9}} = 2{,}51\ \text{mm}$$

5.3 Festlegung des Moduls und der Zahnbreite

⇨ *Aufgabe 5.2-3*
Berechnen Sie für das Zahnradpaar z_3, z_4 nach demselben Verfahren den erforderlichen Modul!

⇨ *Aufgabe 5.2-4*
In 5.2.1 wurde für σ_{Flim} der kleinste Wert, in 5.2.2 für σ_{Hlim} der größte Wert gewählt. Überlegen Sie, wie sich das auf die Größe des Moduls auswirkt!

5.3 Festlegung des Moduls und der Zahnbreite

Sie erkennen, daß der berechnete Modul für die Zahnfußspannung kleiner ist. Würde danach der Modul ausgewählt, so hätte das zur Folge, daß auf Grund der Grübchenbildung das Zahnrad schneller verschleißen würde. Deshalb muß für die Zahnradpaare jeweils der größere erforderliche Modul gewählt werden. Nach [2], S.148, TB 15-1 wird festgelegt:

$z_1, z_2 \quad m_{gew} = 2{,}5$ mm

$z_3, z_4 \quad m_{gew} = 4$ mm

⇨ *Aufgabe 5.3-1*
Damit können Sie die Tabelle von Seite 25 ausfüllen.

Das Ziel der Berechnung ist, die Welle 2 des vorgegebenen Getriebes zu dimensionieren. Das ist nur möglich, wenn Sie u.a. wissen, wie breit die Zahnräder werden müssen. Die Zahnbreite kann über den Modul bestimmt werden. Große Zahnbreiten ergeben geringere Flankenpressungen. Eine gleichmäßige Berührung der gesamten Fläche erfordert aber eine hohe Verzahnungsqualität, starre Wellen und parallele Wellenlagerungen. Breitere Zahnräder bedeuten aber auch größere Lagerabstände für die Wellen und damit größere erforderliche Durchmesser für die Wellen (vgl.[3], S.539)!

⇨ *Aufgabe 5.3-2*
Begründen Sie diese Behauptung!

Nach der Beziehung $b = \psi \cdot m$ (vgl. [3], S.539 und [2], S.154; TB 15-13) ergeben sich

für das Radpaar $z_1, z_2 \quad b_{1,2} = 25 \cdot 2{,}5 = 62{,}5$ mm,

für das Radpaar $z_3, z_4 \quad b_{3,4} = 25 \cdot 4 = 100$ mm,

wenn unsymmetrische, aber gute Lagerung im Gehäuse bei einer Verzahnungsqualität von 6...7 angenommen wird (vgl. [2], S.151, TB 15-8).
In der Regel wird das Ritzel etwas breiter gewählt, um axiale Ungenauigkeiten beim Einbau auszugleichen und den Eingriff der gesamten Flanke des Zahnrades zu garantieren.
Damit ist es erstmals möglich, über den erforderlichen Lagerabstand der Welle II etwas festzulegen: **Lagerabstand** > 62,5mm + 100 mm = 162,5 mm.
Über die Breite der Lager kann an dieser Stelle noch nichts gesagt werden!

5.4 Abmessungen der Stirnräder

Für die weitere Berechnung sind zunächst nur wenige Kenngrößen des Zahnrades erforderlich. Aus diesem Grunde wird hier auf die Berechnung aller Maße der Zahnräder verzichtet. Sie können aber alle maßgebenden Kenngrößen selbständig bestimmen.
Nach [1], S.94; Gl.-Nr. 15.2 oder [3], S.511 gilt

Teilkreisdurchmesser $d = m \cdot z$

$d_1 = 2{,}5 \cdot 20 = 50$ mm

$d_2 = 2{,}5 \cdot 78 = 195$ mm

$d_3 = 4 \cdot 20 = 80$ mm

$d_4 = 4 \cdot 67 = 268$ mm

Da der Überdeckungsgrad ϵ im Gliederungspunkt 5.7, S.35 für das Radpaar 1,2 kontrolliert werden soll, werden hier gleich die erforderlichen Kopf- und Grundkreisdurchmesser mitbestimmt. Für Gliederungspunkt 5.6 wird der Überdeckungsgrad nach [2], S.148, TB 15-2 ermittelt.

Kopfkreisdurchmesser $d_a = d + 2 \cdot h_a = m(z + 2)$ *vgl.[1], S.94, Gl.-Nr. 15.7*

$d_{a1} = 2{,}5$ mm $(20+2) = 55$ mm

$d_{a2} = 2{,}5$ mm $(78+2) = 200$ mm

Grundkreisdurchmesser $d_b = d \cdot \cos\alpha = z \cdot m \cdot \cos\alpha$ *vgl.[1], S.94, Gl.-Nr. 15.3*

$d_{b1} = 20 \cdot 2{,}5$ mm $\cdot \cos 20° = 46{,}98$ mm

$d_{b2} = 78 \cdot 2{,}5$ mm $\cdot \cos 20° = 183{,}24$ mm

⇨ *Aufgabe 5.4-1*
   Berechnen Sie für die Räder 3 und 4 die entsprechenden Durchmesser!

5.5 Achsabstand

vgl. [1], S.94, Gl.-Nr.15.9 oder [3], S.514

$$a_d = \frac{d_1 + d_2}{2} = \frac{m}{2}(z_1 + z_2)$$

$$a_{3,4} = \frac{80 + 268}{2} = \frac{4}{2}(20 + 67) = 174 \text{ mm}$$

$$a_{1,2} = \frac{50 + 195}{2} = \frac{2,5}{2}(20 + 78) = 122,5 \text{ mm}$$

Bei diesem Getriebe ist der Achsabstand nicht von wesentlicher Bedeutung. Sind aber bei einem Schaltgetriebe mehrere Zahnradpaare auf den Wellen angeordnet, dann ist erforderlich, das z.B. alle 3 Zahnradpaare aus dem Beispiel Aufgabe 3.2-6, S.18 den gleichen Achsabstand haben müssen. Das ist oft so einfach nicht möglich. Gelöst wird das Problem mit der Profilverschiebung (vgl. [3], S. 515).
Die Festlegung der Zähnezahl der Zahnräder sollte auch bei Beachtung der Umfangsgeschwindigkeit erfolgen. An dieser Stelle ist es das erste Mal möglich, diesen Wert zu kontrollieren. Die Drehzahlen wurden unter 3.1, S. 13 berechnet.

$$v = \pi \cdot d \cdot n$$

$v_1 = \pi \cdot 50 \text{ mm} \cdot 325 \text{ min}^{-1} = 0,85 \text{ m/s}$

$v_2 = \pi \cdot 80 \text{ mm} \cdot 83,3 \text{ min}^{-1} = 0,35 \text{ m/s}$

vgl. Aufgabe 3.1-4, S. 12 und [2], S. 151, TB 15-8

5.6 Exakter Nachweis der Verzahnungen

Es muß vor der weiteren Berechnung kontrolliert werden, ob mit dem gewählten Modul die zulässigen Spannungen nicht überschritten werden!
Je genauer versucht wird, die Einflußgrößen zu berücksichtigen, um so aufwendiger wird die Berechnung. Das werden sie an diesem Beispiel schmerzlich erfahren. Und dabei werden hier schon Vereinfachungen vorgenommen, die Ihnen helfen sollen, die Übersicht zu behalten. Leider werden häufig – z.T. äußerst komplizierte – Berechnungen in Angriff genommen, ohne den Zusammenhang in einfachen Beziehungen verstanden zu haben. Versuchen Sie also, den Gesamtüberblick zu behalten. Um den Sinn der Rechenschritte verständlicher zu machen, wird immer von der gesuchten Größe ausgegangen.
Die Berechnung erfolgt hier für das Ritzel z_1 eines geradverzahnten Nullgetriebes. Die weiteren Kontrollen für die Zahnräder z_2 - z_4 können dann analog zum angeführten Rechengang selbständig vorgenommen werden.

Es ergibt sich immer wieder die Frage, durch welche Faktoren die Festigkeit des Zahnrades beeinflußt werden kann.

⇨ *Aufgabe 5.6-1*
Zählen Sie solche Größen auf, die für die Festigkeitsberechnung eines Zahnrades von Bedeutung sein können!

Sie werden feststellen: je genauer ein Sachverhalt untersucht wird, desto größer wird die Zahl der Einflußgrößen, um so aufwendiger werden die Berechnungen. Oftmals kann jedoch auf Grund von Erfahrungen eine sinnvolle Größe angenommen werden, die einen sicheren Betrieb garantiert. Der Streubereich läßt sich durch Extremfallbetrachtungen sinnvoll einengen, um auf der sicheren Seite zu bleiben. Natürlich müssen die geltenden DIN-Vorschriften beachtet werden.

Bekannte Werte: Aus den bisherigen Überlegungen und Rechnungen ergaben sich folgende Eckwerte für das **Ritzel 1:**
geradverzahntes Stirnrad mit $m = 2{,}5$ mm,
$d_1 = 50$ mm, $b_1 = 62{,}5$ mm, $a = 122{,}5$ mm,
20 Zähne; Zahnradwerkstoff 16MnCr5;
das wirkende Drehmoment $T = 227{,}7$ Nm

5.6.1 Biegung

Es wurde festgestellt, daß beim Spannungsnachweis $\sigma_{vorh} < \sigma_{zul}$ sein muß.
Für die Kontrolle des Ritzels 1 gilt für die Zahnfußtragfähigkeit
(vgl. [1], S.101, Gl.- Nr. 15.87 und 15.88):

$$\sigma_{vorh} = \sigma_{F1} = \sigma_{F01} \cdot K_{Fges1} < \sigma_{zul} = \sigma_{FP} = \frac{\sigma_{Flim} \cdot Y_{ST} \cdot Y_{NT}}{S_{Flim}} \cdot Y_{\delta relT} \cdot Y_{RrelT} \cdot Y_X$$

5.6 Exakter Nachweis der Verzahnungen

Es soll zunächst die vorhandene Spannung für das Ritzel auf Grund der Biegung bestimmt werden. Anschließend wird die zulässige Spannung berechnet.

$$\sigma_{vorh} = \sigma_{F1} = \sigma_{F01} \cdot K_{Fges}$$

$$\sigma_{vorh} = \frac{F_t}{b_1 \cdot m_n} \cdot Y_{Fa} \cdot Y_{Sa} \cdot Y_\epsilon \cdot Y_\beta$$

nach [1], S.101, Gl.-Nr. 15.86

Umfangskraft am Teilkreis $F_{t1} = T/r = 227{,}7$ Nm $/ 25$ mm $= 9108$ N

Formfaktor für Kraftangriff am Zahnkopf $Y_{Fa} = 2{,}92$ *nach [2], S.163, TB 15-23a*
für x=0; keine Profilverschiebung

Spannungskorrekturfaktor $Y_{Sa} = 1{,}6$ *nach [2], S.163, TB 15-23b*

Überdeckungsfaktor $Y_\epsilon \approx 0{,}25 + 0{,}75/\epsilon_{\alpha n}$

$$Y_\epsilon = 0{,}25 + 0{,}75/1{,}68 \approx 0{,}7$$

$$\epsilon_\alpha \approx 1{,}68 \qquad \textit{nach [2], S.148, TB 15-2}$$

Schrägungsfaktor $Y_\beta = 1$ geradverzahntes Stirnradgetriebe *nach [2], S.163, TB 15-23c*

$$\sigma_{F01} = \frac{9108 \text{ N}}{62{,}5 \text{ mm} \cdot 2{,}5 \text{ mm}} \cdot 2{,}92 \cdot 1{,}6 \cdot 0{,}7 = 191 \text{ N}/\text{mm}^2$$

$$K_{Fges} = K_A \cdot K_V \cdot K_{F\alpha} \cdot K_{F\beta} \qquad \textit{nach [1], S.101, Gl.-Nr. 15.85}$$

Anwendungsfaktor $K_A = 1{,}1$ *nach [2], S.158, TB 15-17 - leichte Stöße*

Dynamikfaktor K_V wird vereinfacht mit $1{,}1$ angenommen *nach [2], S.158; TB 15-18*

Stirnfaktor $K_{F\alpha} = 1$ *nach [2], S.161, TB 15-22*
bei Linienbelastung $K_A \cdot F_t/b = 1{,}1 \cdot 9108/62{,}5 \approx 160 > 100$
bei Verzahnungsqualität 7

Breitenfaktor $K_{F\beta} = 1{,}6$

Dieser Korrekturfaktor kann rechnerisch (vgl. [1], S.101, Gl.-Nr.15.83) oder aus dem Nomogramm (vgl. [2], S.161, TB 15-21) ermittelt werden. Um den Wert aus der Tabelle ablesen zu können, ist $F_{\beta y}$ erforderlich. Dieser Wert wird nach [1], S. 100, Gl.-Nr. 15.79 bis 15.81 bestimmt.

$$F_{\beta y} = F_{\beta x} - y_\beta$$

$$F_{\beta x} = f_{ma} + 1{,}33 \cdot f_{sh}$$

$$f_{ma} \approx c \cdot f_{H\beta} = 13{,}7 \,\mu m, \quad da\ c=1$$

$$\begin{aligned} f_{H\beta} &= 4{,}16 \cdot b^{0{,}14} \cdot q_H \\ &= 4{,}16 \cdot 62{,}5^{0{,}14} \cdot 1{,}85 \approx 13{,}7 \,\mu m \end{aligned}$$

$$q_H = 1{,}85 \qquad \text{nach [2], S.158, TB15-18a}$$

$$f_{sh} = 7 \,\mu m \qquad \text{nach [2], S.159, TB 15-19}$$

bei $F_t/b = 9108/62{,}5 \approx 146 < 200$

$$F_{\beta x} = 13{,}7 + 1{,}33 \cdot 7 \approx 23 \,\mu m$$

$$y_\beta = 3{,}8 \,\mu m \qquad \text{nach [2], S.160, TB 15-20}$$

$$F_{\beta y} = 23 - 3{,}8 = 19{,}2 \,\mu m$$

Damit kann aus [2], S.161, TB 15-21 für $F_m/b \approx 160$ abgelesen werden $K_{F\beta} = 1{,}85$

$$K_{Fges} = 1{,}1 \cdot 1{,}1 \cdot 1 \cdot 1{,}85 = 2{,}24$$

$$\sigma_{F1} = \sigma_{F01} \cdot K_{Fges} = 191 \text{ N/mm}^2 \cdot 2{,}24 = 428 \text{ N/mm}^2$$

Diese vorhandene Spannung muß nun verglichen werden mit der zulässigen Spannung.

$$\sigma_{FP} = \frac{\sigma_{Flim} \cdot Y_{ST} \cdot Y_{NT}}{S_{Fmin}} \cdot Y_{\delta relT} \cdot Y_{RrelT} \cdot Y_X$$

nach [1], S. 101, Gl.-Nr. 15.88

Festigkeitswerte $\sigma_{Flim} = 310...500$ N/mm^{-2} *nach [2], S.157, TB 15-16*
gewählt: 310 N/mm^{-2}

Spannungskorrekturfaktor $Y_{ST} = 2$ *vgl. Hinweis zu [1], S.101, Gl.-Nr.15.88*

Lebensdauerfaktor $Y_{NT} = 1$ *nach [2], S.164, TB 15-24*
für $N_L = 35{,}1 \cdot 10^6$ Lastwechsel
  Welle I mit 325 min^{-1} - vgl. 3.1, S.13
  3 Jahre, 200 Tage, 3 Std. pro Tag - vgl. 2, S.8

Mindestsicherheitsfaktor $S_{Fmin} = 1{,}1$ gewählt; der niedrige Wert wurde angesetzt, da geringe Umfangsgeschwindigkeiten und geringe Folgekosten im Schadensfall auftreten und das Getriebe nur einmal gefertigt wird (vgl. Hinweis zu Gl.-Nr. 15.88)

Relative Stützziffer $Y_{\delta relT} \approx 1$ gewählt;   *nach [2], S.164, TB 15-24b bestimmbar*

5.6 Exakter Nachweis der Verzahnungen

Relalativer Oberflächenfaktor $Y_{RelT} = 1$;   *bestimmbar nach [2], S.164, TB 15-24c*

Größenfaktor $Y_X = 1$, da $m < 5$ mm;   *bestimmbar nach [2], S.164, TB 15-24d*

Durch die möglichen Vereinfachungen ergibt sich die überschaubarere Gleichung

$$\sigma_{FP} = 2\frac{\sigma_{Flim} \cdot Y_{NT} \cdot Y_X}{S_{Fmin}} = 2\frac{310 \text{ Nmm}^{-2} \cdot 1 \cdot 1}{1,1} = 564 \text{ Nmm}^{-2}$$

Damit ist $\sigma_{vorh} = \sigma_{F1} = 428$ N/mm² $< \sigma_{zul} = \sigma_{FP} = 564$ N/mm², so daß auf Grund der Zahnfußtragfähigkeit der Modul $m = 2,5$ gewählt werden kann.

5.6.2 Flankenpressung

Nun ist noch der Nachweis für die Flankenpressung zu führen.
Alle Werte, die bereits unter 5.6.1 bestimmt wurden, sind in diesem Gliederungspunkt nicht noch einmal gesondert vorgegeben.

$$\sigma_{vorh} = \sigma_H = \sigma_{H0} \cdot K_{Hges} < \sigma_{zul} = \sigma_{HP} = \frac{\sigma_{Hlim} \cdot Z_{NT}}{S_{H min}}(Z_L \cdot Z_V \cdot Z_R) \cdot Z_W \cdot Z_X$$

vgl.[1], S.102; Gl.-Nr.15.94 + 15.95

$$\sigma_H = \sigma_{H0} \cdot K_{Hges}$$

$$\sigma_{H0} = Z_H \cdot Z_E \cdot Z_\epsilon \cdot Z_\beta \sqrt{\frac{F_t}{b \cdot d_1} \cdot \frac{u+1}{u}}$$

vgl.[1], S.101, Gl.-Nr.15.93

Zonenfaktor $Z_H = 2,5$ *nach [2], S.165, TB 15-25a*
   für $\beta = 0°$, Nullgetriebe

Elastizitätsfaktor $Z_E = 189,8$ (N/mm²)$^{-1/2}$ *nach [2], S.165, TB 15-25b*

Überdeckungsfaktor $Z_\epsilon \approx 0,88$ *nach [2], S.165, TB 15-25c*
   für $\epsilon_\alpha = 1,68$

Schrägungsfaktor $Z_\beta = 1$ geradverzahntes Getriebe

$$\sigma_{H0} = 2{,}5 \cdot 189{,}8\sqrt{N/mm^2} \cdot 0{,}88 \sqrt{\frac{9108\ N}{62{,}5\ mm \cdot 55\ mm} \cdot \frac{3{,}9+1}{3{,}9}} = 799\ N/mm^2$$

$$K_{Hges} = \sqrt{K_A \cdot K_V \cdot K_{H\alpha} \cdot K_{H\beta}}$$

Stirnfaktor $K_{H\alpha} = K_{F\alpha} = 1$

Breitenfaktor $K_{H\beta} = 2{,}19$

$$K_{H\beta} = 2\sqrt{\frac{10 \cdot F_{By}}{F_m / b}} = 2\sqrt{\frac{10 \cdot 19{,}2}{160}} = 2{,}19$$

nach [1], S.101, Gl.-Nr.15.82

$$K_{Hges} = \sqrt{1{,}1 \cdot 1{,}1 \cdot 1 \cdot 2{,}19} = 1{,}63$$

$$\sigma_{vorh} = \sigma_H = 799\ Nmm^{-2} \cdot 1{,}63 = 1302{,}4\ Nmm^{-2}$$

$$\sigma_{zul} = \sigma_{HP} = \frac{\sigma_{Hlim} \cdot Z_{NT}}{S_{Hmin}} (Z_L \cdot Z_V \cdot Z_R) \cdot Z_W \cdot Z_X$$

Festigkeitswerte $\sigma_{Hlim} = 1300...1500\ N/mm^2$ *nach [2], S.157, TB 15-16*
 gewählt unter 5.2.2 - S. 26 - 1500 N/mm²

Lebensdauerfaktor $Z_{NT} = 1$ *bestimmbar nach [2], S.167,TB 15-26d*
bei $35{,}1 \cdot 10^6$ Lastwechseln; vgl. 5.6.1, S.32

Für das Produkt aus Schmierstoff-, Geschwindigkeits- und Rauheitsfaktor wird für Industriegetriebe $(Z_L \cdot Z_V \cdot Z_R) = 0{,}85$ gesetzt.

vgl. [3], S.553

Werkstoffpaarungsfaktor $Z_W = 1{,}2$ – ohne weitere Angaben zum Rad

Größenfaktor $Z_X = 1$ – entspricht Y_X

Mindestsicherheitsfaktor $S_{Hmin} = 1{,}1$

5.6 Exakter Nachweis der Verzahnungen

$$\sigma_{zul} = \sigma_{HP} = \frac{1500 \cdot 1 \cdot 0{,}85 \cdot 1{,}2}{1{,}1} = 1391 \text{ Nmm}^{-2}$$

Damit ist auch $\sigma_{vorh} = \sigma_H \approx 1302$ N/mm² $< \sigma_{zul} = \sigma_{HP} = 1391$ N/mm², so daß auf Grund der Flächenpressung an den Zahnflanken ebenfalls der Modul m = 2,5 mm für das Ritzel genommen werden kann.

⇨ *Aufgabe 5.6-2*
In [3], ab Seite 540 ist der Ablaufplan zur Berechnung der Verzahnungsgeometrie vorgegeben. Markieren Sie die Schritte, die im gerade berechneten Beipiel gegangen worden sind!

⇨ *Aufgabe 5.6-3*
Führen Sie den Spannungsnachweis für das Zahnradpaar 3,4!

5.7 Überdeckungsgrad

⇨ *Aufgabe 5.7-1*
Erläutern Sie die Bedeutung des Überdeckungsgrades ε!

Die erforderlichen Zahlenwerte zur Berechnung von ε wurden unter 5.4 und 5.5, S.28,29 bestimmt.

$$\varepsilon_\alpha = \frac{0{,}5\left(\sqrt{d_{a1}^2 - d_{b1}^2} + \sqrt{d_{a2}^2 - d_{b2}^2}\right) - a_d \cdot \sin\alpha}{\pi \cdot m \cdot \cos\alpha}$$

vgl. [1], S.95, Gl.-Nr.15.14

$$\varepsilon_\alpha = \frac{0{,}5\left(\sqrt{55^2 - 47^2} + \sqrt{200^2 - 183{,}2^2}\right) - 122{,}5 \cdot \sin 20°}{\pi \cdot 2{,}5 \cdot \cos 20°} \approx 1{,}69$$

Die Forderung, daß der Überdeckungsgrad > 1,1 sein soll, ist erfüllt! Der Wert stimmt auch gut überein mit der aus der TB 15-2 nach [2], S.148 ermittelten Größe.

⇨ *Aufgabe 5.7-2*
Kontrollieren Sie rechnerisch den Überdeckungsgrad für das Zahnradpaar 3,4!

5.8 Diskussion der Keilriemenwahl

Unter Frage 4-4 (vgl. S. 21) konnte der Abstand, der durch den Riemen überbrückt werden soll, nur abgeschätzt werden. Nun kennen Sie die Teilkreisdurchmesser.
Betrachten Sie nochmals das Bild 2 – 4 auf Seite 11.
Der Achsabstand zwischen Welle I und II wurde errechnet : 122,5 mm
Da der Motor unter dem Getriebe abgestellt werden soll, muß zu diesem Wert $d_{o4}/2$ addiert werden.
$l_a > 122,5 + 268/2 + 50$ (geschätzt) $= 306,5$ mm
Der gewählte Wert für den Wellenmittenabstand nach 4, S.23 mit 475 mm ist also möglich. Tatsächlich könnte ein geringerer Wellenmittenabstand gewählt werden. Da es hier keine Platzprobleme gibt, wird auf eine Änderung der Längen verzichtet.

6 Grobentwurf der Welle II

6.1 Wirkende Belastungen

Die zu übertragende Leistung für das Getriebe ist bekannt. Die Teilkreisdurchmesser der Zahnräder wurden bestimmt. Damit können die Belastungen der Wellen ermittelt werden. Sie werden benötigt, um die wirkenden Biegemomente angeben zu können. Das setzt aber voraus, daß die Lagerabstände, die Abstände für die wirkenden Kräfte bekannt sind. Durch die berechnete Breite der Zahnräder weiß man, wie groß der Abstand der Lager zueinander mindestens sein muß. Die Lagerbreite hat ebenfalls Einfluß auf die Lagerabstände. Zunächst kann auch da nur mit Annahmen gearbeitet werden. Natürlich ist ein Konstrukteur mit langjähriger Berufserfahrung in der Lage, relativ gut solche Werte abzuschätzen, um mehrmaliges Nachrechnen zu vermeiden. Aber gerade für den Lernenden werden sich anfangs Schwierigkeiten ergeben.

Mit diesen Abschätzungen ist der Entwurf der Welle möglich.

Bekannte Werte: $T_1 = 227{,}7$ Nm; $T_3 = 853$ Nm
$d_1 = 50$ mm; $d_3 = 80$ mm
$b_{1,2} = 62{,}5$ mm; $b_{3,4} = 100$ mm

⇨ *Aufgabe 6.1-1*
Erstellen Sie die Belastungsbilder der Welle I und III!

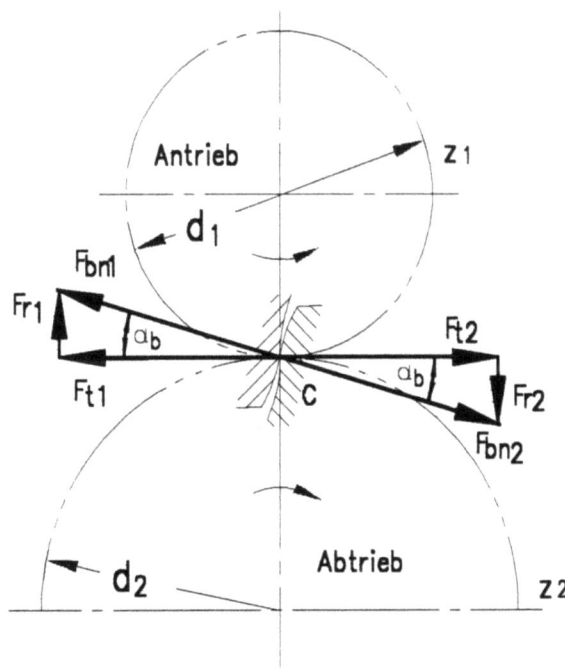

Bild 6-1

6 Grobentwurf der Welle II

Die Belastung der Welle II weicht von den Beanspruchungen der Welle I und III ab, da die Kräfte in 2 Ebenen wirken. Durch die Anordnung der Zahnräder wirken auf die Welle II Horizontal- und Vertikalkräfte. Die Größe der Kräfte ist von den zu übertragenden Drehmomenten und der Zahnradgeometrie abhängig. Vergleichen Sie wieder Bild 2 - 4 auf S.11!

6.1.1 Kräfte am Zahnrad z_2

Genaugenommen wirkt über das Zahnrad auf die Welle eine Streckenlast über die Breite b. Mit Einzellasten wird aber gerechnet. Tatsächlich ist also die Belastung geringer, die auf die Welle wirkt! Damit liegt man bei der Berechnung auf der sicheren Seite!

⇨ *Aufgabe 6.1-2*
Begründen Sie diese Aussage!

Die zusätzlich versteifende Wirkung der Radnaben bleibt bei der weiteren Berechnung ebenfalls unberücksichtigt!

Am Zahnradpaar z_1, z_2 ergeben sich für die

Umfangskraft $\quad F_{t1,2} = \dfrac{T_{1,2} \cdot 2}{d_{1,2}} = \dfrac{227{,}7 \text{ Nm} \cdot 2}{50 \text{ mm}} = 9108 \text{ N}$

Radialkraft $\quad F_{r1,2} = F_{t1,2} \cdot \tan\alpha = 9108 \text{ N} \cdot \tan 20° = 3315 \text{ N}$

6.1.2 Kräfte am Zahnrad z_3

⇨ *Aufgabe 6.1-3*
Berechnen Sie die wirkende Umfangskraft und die Radialkraft für das Zahnrad z_3!

6.1 Wirkende Belastungen

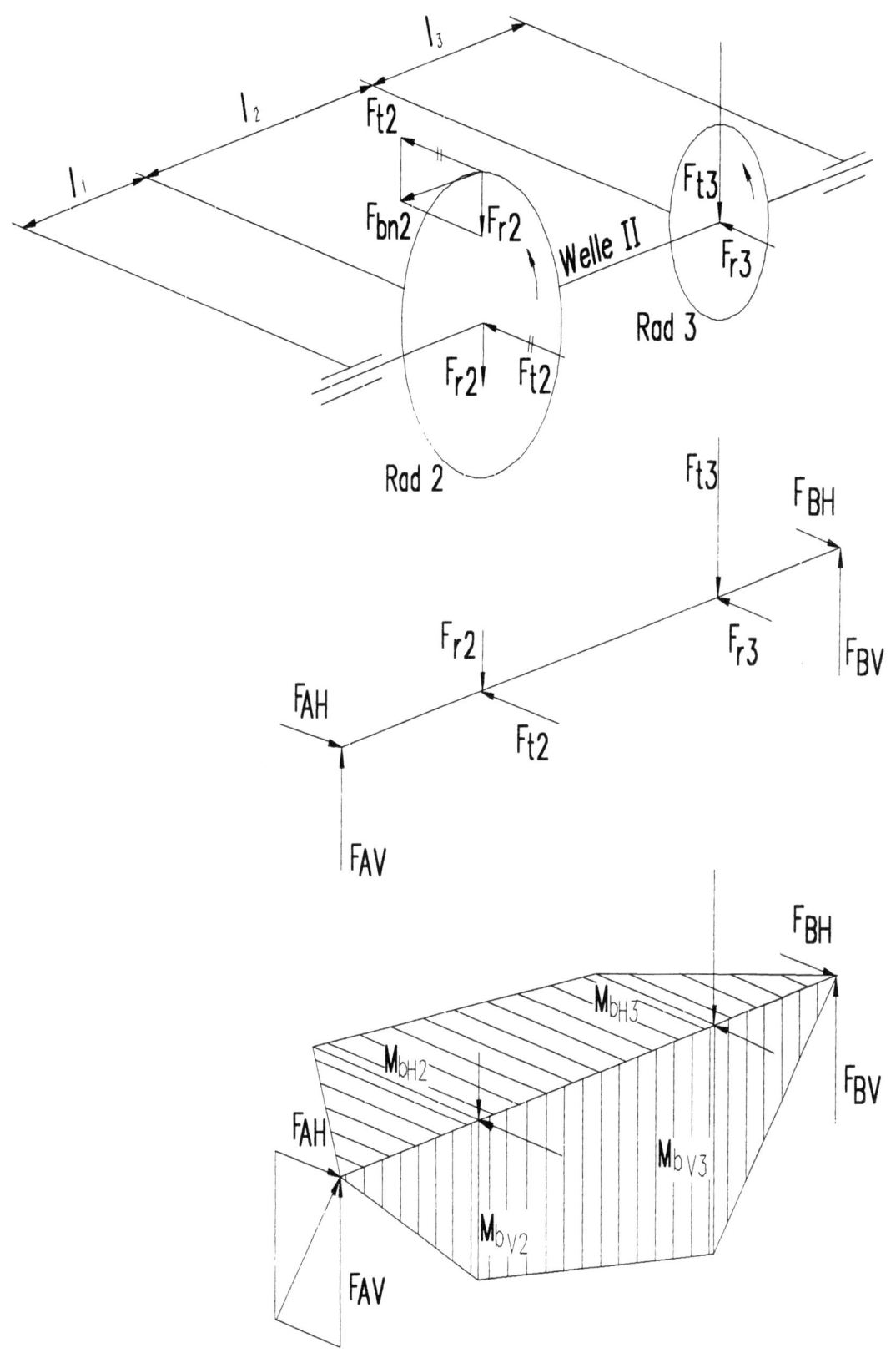

Bild 6-2

6.1.3 Teilmomente und resultierende Momente

Auflagerkräfte der Welle II in der **Vertikalebene**

Um die Berechnung durchführen zu können, müssen Sie wissen, wie weit die Lager voneinander entfernt sind, wo die Einzelkräfte wirken.
Aus der Zahnradberechnung (vgl. 5.4, S.28) ist Ihnen bekannt, wie breit die Zahnräder 2 und 3 werden müssen. Noch nicht festgelegt wurde, wie die Zahnräder auf der Welle angebracht werden. Außerdem können Sie noch keine Angaben über die Lagerbreite machen. Die Werte l_1, l_2 und l_3 werden geschätzt.
Annahmen: $l_1 = 50$ mm $\quad l_2 = 100$ mm $\quad l_3 = 70$ mm

⇨ *Aufgabe 6.1-4*
Tragen Sie in die vorgegebenen Skizzen die wirkenden Belastungen ein und berechnen Sie die Auflagerkräfte!

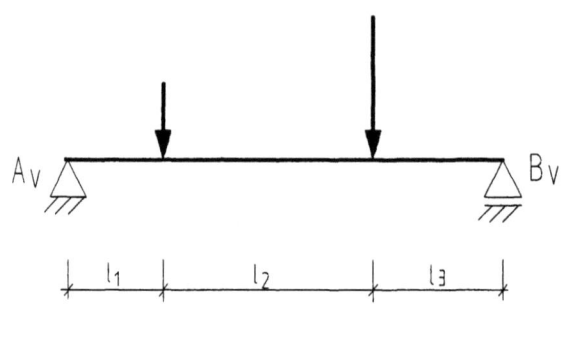

Bild 6 - 3

$F_{AV} =$ $\qquad\qquad F_{BV} =$

Auflagerkräfte der Welle II in der **Horizontalebene**

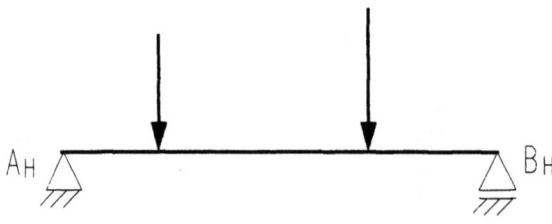

Bild 6 - 4

$F_{AH} =$ $\qquad\qquad F_{BH} =$

Für die Lagerauswahl müssen die Lagerbelastungen bekannt sein. Das sind die Resultierenden an der Stelle A bzw. B (vgl. Bild 6 - 2, S.39)!

6.1 Wirkende Belastungen

⇨ *Aufgabe 6.1-5*
Berechnen Sie die Resultierenden F_A und F_B!

⇨ *Aufgabe 6.1-6*
Bewerten Sie folgenden Lösungsvorschlag!
Die Maximalmomente an den Stellen 2 und 3 werden mit den Kräften F_A und F_B ermittelt, um dann mit den an der entsprechenden Stelle wirkenden Drehmomenten die Vergleichsmomente bestimmen zu können!

Momente in der **Vertikalebene**

$M_{bV2} = 9{,}48 \text{ kN} \cdot 50 \text{ mm} = 474 \text{ Nm}$

$M_{bV3} = 15{,}59 \text{ kN} \cdot 70 \text{ mm} = 1091 \text{ Nm}$

Momente in der **Horizontalebene**

⇨ *Aufgabe 6.1-7*
Berechnen Sie diese Momente selbständig!

$M_{bH2} =$

$M_{bH3} =$

Resultierendes Moment

an der Stelle 2: $M_{b2} = \sqrt{M_{bV2}^2 \cdot M_{bH2}^2} = 673 \text{ Nm}$

an der Stelle 3: $M_{b3} = \sqrt{M_{bV3}^2 \cdot M_{bH3}^2} = 1210 \text{ Nm}$

6.1.4 Vergleichsmomente

für die Stelle 2: $M_{V2} = \sqrt{M_{b2}^2 + 0{,}75(\alpha_0 \cdot T_2)^2}$

Ist das Becherwerk in Betrieb, wird für die Verdrehbeanspruchung der Welle der Lastfall II – schwellend – (schöpfen!) angenommen, so daß für $\alpha_0 = 0{,}7$ gewählt werden kann.

⇨ *Aufgabe 6.1-8*
Berechnen Sie die Vergleichsmomente an den Stellen 2 und 3!

Kennzeichnen Sie unter den angegebenen Ergebnissen die richtigen Lösungen!

M_V [Nm]	755	855	955	1320	1420	1520
Stelle 2						
Stelle 3						

6.2 Nachweis der Stellen 2 und 3 gegen Dauerbruch

Wenn der Wellendurchmesser der Welle II bestimmt werden soll, dann müssen hier schon konkrete Vorstellungen über die Gestalt der Welle vorhanden sein. Aber es ist noch nicht einmal der Durchmesser bekannt. Sehen Sie das Problem? Es bleibt also auch hier nichts anderes übrig, als zunächst mit Annahmen zu arbeiten. Dabei spielt natürlich eine Rolle, wie Sie die Zahnräder auf der Welle befestigen wollen; denn die Nabenbefestigung kann zur Querschnittsschwächung der Welle führen, müßte also bei der Durchmesserauswahl bereits beachtet werden.

> **Beachten Sie:** Die weitere Berechnung wird sich in Abhängigkeit der Welle-Nabe-Verbindung unterscheiden! Auf ein Problem sei hier bereits hingewiesen: Für den Durchmesser der Welle II ist ein Wert zwischen 50 und 60 mm zu erwarten (vgl 3.3.3, S.20). Wird die Paßfedernuttiefe beachtet, die bei 7 mm liegt, dann erhält man einen Durchmesser, der fast die Größe des Teilkreisdurchmessers des Zahnrades 3 erreicht (vgl.5.4, S.28). Aus diesem Grunde erfolgt anfangs die Berechnung der Welle II an der Stelle 2.

⇨ *Aufgabe 6.2-1*

Welle-Nabe-Verbindungen können geordnet werden nach Stoffschluß, Kraftschluß und Formschluß. Unter welchen Bedingungen liegt die entsprechende Schlußart vor?
Nennen Sie für jede Schlußart passende Beispiele!

⇨ *Aufgabe 6.2-2*

Vergleichen Sie die angebenen Welle-Nabe-Verbindungen nach vorgegebenem Schema auf der folgenden Seite!
Welche Verbindungsarten sind dabei für eine Zahnradbefestigung geeignet?
Zählen Sie weitere Verbindungsmöglichkeiten auf!

⇨ *Aufgabe 6.2-3*

Geben Sie die standardisierten Bezeichnungen folgender Verbindungslemente an!

        Paßfeder   _____

        Zylinderstift   _____

        Vielkeilwelle   _____

6.2 Nachweis der Stellen 2 und 3 gegen Dauerbruch

Füllen Sie die nachfolgende Tabelle aus!

	Klemmverbindung	Flach- u. Hohlkeile	Paßfeder	Querstift	Schrumpfverbindg.	Keilwelle
Beanspruchung, die nachgerechnet wird						
Schlußart						
Auswirkungen auf den Wellenquerschnitt						
mögliche Wirkung der Drehmomente						
Anpreßkraft erzeugt durch						
Vor- u. Nachteile; Bemerkungen						

6.2.1 Durchmesserentwurf für Paßfederverbindung

Um die weitere Berechnung der Welle zu verstehen, müssen Sie sich vorstellen können, wie sich die Paßfederverbindung auf den Wellenquerschnitt auswirkt.

⇨ *Aufgabe 6.2-4*

Markieren Sie an der skizzierten Paßfeder die wesentlichen Kenngrößen!
Tragen Sie in die Skizze die Fläche ein, die für die Berechnung der Paßfeder von Bedeutung ist!

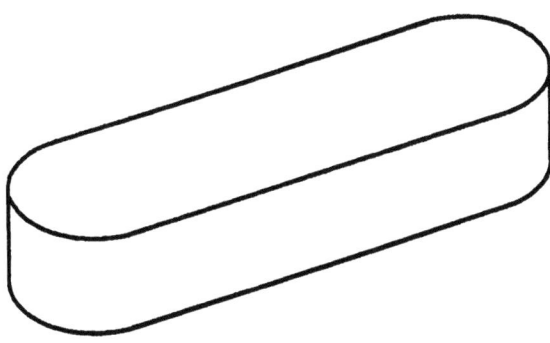

Bild 6 - 5

Bei zusammengesetzter Beanspruchung ist oft unklar, welche Beanspruchungsart bei der weiteren Berechnung als maßgebend angesehen wird.

> **Beachten Sie:** Wird mit dem Vergleichsmoment gearbeitet, dann bezieht sich die weitere Rechnung auf die größere auftretende Belastung! Das ist in der Folge beim Aufsuchen von Tabellenwerten von Bedeutung!

Bekannte Werte: $M_{v2} = 855$ Nm; $M_{v3} = 1320$ Nm
St 50

Der erforderliche Durchmesser kann nach folgender Beziehung bestimmt werden:

$$d_{erf} = \sqrt[3]{\frac{32 \cdot M_V}{\pi \cdot \sigma_{zul}}}$$

vgl. analoge Ableitung unter 3.3.3, S.20

Die Frage ist, was für σ_{zul} eingesetzt wird. Auf eine überschlägige Durchmesserermittlung wird bei diesem Rechenfortschritt verzichtet.

⇨ *Aufgabe 6.2-5*

Bestimmen Sie selbständig den erforderlichen Mindestdurchmesser für die Vollwelle mit Kreisquerschnitt, und vergleichen Sie das Ergebnis mit dem Ergebnis nach 3.3.3, S.20!

Vermutlich haben Sie bei der Lösung der Aufgabe 6.2-5 Schwierigkeiten gehabt. Was wurde für σ_{zul} eingesetzt?

Die zulässige Spannung wird bei Beachtung der Gestalt der Welle berechnet nach

$$\sigma_{zul} = \frac{\sigma_G}{v} = \frac{\sigma_G \cdot b_{1\sigma} \cdot b_2}{\beta_k \cdot v}$$

vgl. [1], S.11,12; Gl.-Nr. 3.19+23

⇨ *Aufgabe 6.2-6*

Kontrollieren Sie anhand der angegebenen Quellen, ob die einzelnen Faktoren von Ihnen auch so bestimmt würden!

- **Dauerfestigkeit** $\sigma_D = \sigma_{bW} = 240$ N/mm²

für St 50 (vgl. 3.3.1; S. 19)
vgl. [2], S.33, TB 3-2

6.2 Nachweis der Stellen 2 und 3 gegen Dauerbruch

- **Oberflächenbeiwert** $b_{1\sigma} \approx 0{,}91$

  Hier muß bereits entschieden werden, mit welcher Oberflächenqualität die Welle überdreht werden soll. Gewählt wird für $R_z = 6{,}3$ μm für St 50.

  vgl. [2], S.30,31, TB 2-12+ 2-13

$$b_{1\sigma} = 1 - 0{,}22 \cdot lgR_z \left(lg \frac{R_m}{20} - 1 \right) = 0{,}91$$

vgl. [1], S.11, Gl.-Nr.3.16

⇨ *Aufgabe 6.2-7*
Erklären Sie den Unterschied zwischen R_z und R_a !

- **Größenbeiwert** $b_2 = 0{,}72$

  Nach 3.3.3, S. 20 wurden im ersten Vorentwurf bei Beachtung des wirkenden Drehmomentes 53 mm berechnet.
  $b_2 = k_g \cdot k_t \cdot k_\alpha = 0{,}72$ *vgl. [2], S.45, TB3-12*

- **Kerbwirkungszahl** $\beta_k = 2{,}0$

  Es wurde eine Paßfederverbindung vorgesehen; Biegung!
  Die genauere Berechnung erfolgt unter Kapitel 10.1, S.73.

  vgl. [2], S.43, TB3-9 bzw.
  [2], S.44, TB 3-10b

- **Sicherheit** $v = 2$ – es wäre ein kleinerer Wert möglich!

Beachten Sie: Diese Sicherheit hat nichts mit v_D - Sicherheit gegen Dauerbruch - zu tun!

vgl. [2], S.45, TB3-13

Es ist von Bedeutung, ob ein Maschinenelement, eine Baugruppe ständig unter Vollast im Einsatz ist (z.B. Gurtbandförderer) oder ob selten mit Vollast gearbeitet wird (z.B. Lager- oder Baukran).
Ist das Becherwerk im Einsatz, dann wird mit Vollast gearbeitet, wenn der Füllgrad der Becher gut ist. Das wiederum hängt von der Art des Schüttgutes ab!
Sie konnten feststellen, daß bereits jetzt immer wieder Korrekturfaktoren beachtet wurden, die sich in der Vielfalt beachtlich bemerkbar machen. Bei der Berechnung eines Einzelteiles ist diese Vorsicht jederzeit einsichtig. Bei einer größeren Baugruppe vervielfachen sich diese Faktoren zu beträchtlichen Werten. Zu bedenken ist, daß die schwächste Stelle zuerst zerstört wird. Das sollte bei Maschinen bei vertretbaren Aufwand möglichst nicht geschehen.

⇨ *Aufgabe 6.2-8*
Bewerten Sie folgende Formulierung: Der Sicherheitsfaktor müßte eigentlich "Unsicherheitsfaktor" heißen.

Mit den einzelnen Faktoren läßt sich die zulässige Spannung bei Beachtung der Gestalt bestimmen:

$$\sigma_{zul} = \frac{240 \text{ N} \cdot 0{,}91 \cdot 0{,}72}{\text{mm}^2 \cdot 2 \cdot 2} \approx 39{,}3 \frac{\text{N}}{\text{mm}^2}$$

⇨ *Aufgabe 6.2-9*
Welche Werte der Gleichung ändern sich für die Welle an der Stelle 3, wenn statt der Paßfederverbindung eine Schrumpfverbindung zur Befestigung des Zahnrades auf der Welle vorgesehen wird?
Ändert sich der zulässige Spannungswert, wenn die Stelle 3 nachgerechnet wird?

Der erforderliche Durchmesser für die Welle II an der Stelle 2 ist damit bestimmbar:

$$d_{2erf} \approx \sqrt[3]{\frac{32 \cdot 855 \text{ Nm}}{\pi \cdot 39{,}3 \frac{\text{N}}{\text{mm}^2}}} \approx 60{,}5 \text{ mm}$$

Nun muß für die Wahl des Durchmessers der Welle bedacht werden – wie schon an anderer Stelle bemerkt –, daß der Wellenquerschnitt durch die Paßfedernut geschwächt wird. Die erforderliche Wellennuttiefe t ist vom Wellendurchmesser abhängig. Nach [2], S.103, TB12-2 können als Nuttiefe für die Welle 7 mm abgelesen werden. Zu den 60,5 mm sind also 7 mm zu addieren. Der zunächst gewählte Wellendurchmesser muß also größer sein als 67,5 mm. Beim Ablesen der Nuttiefe der Paßfeder ist zu bedenken, daß man normalerweise durch den Aufschlag in die nächsthöhere Zeile kommt, so daß auch gleich 7,5 mm addiert werden könnten. Bei dieser Betrachtung ist das aber ohne Bedeutung!
Nach [2], S.18, TB1-14, R20 wird gewählt: $d_2 = \mathbf{71}$ **mm**.
Sie können feststellen, daß der Wert gegenüber dem ersten Entwurf (vgl. 3.3.3, S.20) spürbar größer wird.
Es sei bereits hier darauf hingewiesen, daß bei einer Spannungskontrolle einer Welle mit Paßfedernut vom Wellendurchmesser für die Berechnung des verfügbaren Querschnitts die Wellennuttiefe abgezogen werden muß.

⇨ *Aufgabe 6.2-10*
Berechnen Sie den erforderlichen Wellendurchmesser für die Stelle 3!

$$d_{3erf} = \underline{} \text{ mm}$$

Damit wäre es möglich, eine Skizze für den Entwurf zu machen. Die Lagerbreite müßte weiter geschätzt werden.

⇨ *Aufgabe 6.2-11*
Versuchen Sie mit den bis jetzt bekannten Werten einen Entwurf der Welle II!

6.2 Nachweis der Stellen 2 und 3 gegen Dauerbruch

6.2.2 Durchmesserentwurf für Keilwelle

Für den Wellenquerschnitt kann bei der Keilwelle nur der Kerndurchmesser herangezogen werden. Nachteilig wirkt sich die hohe Kerbwirkung aus. Für β_k muß in ungünstigen Fällen bis 2,5 genommen werden. In unserem Fall ist für $\beta_k = 1,8$ möglich (oder noch weniger!), da die Stelle Mitte-Zahnrad betrachtet wird. Damit ergibt sich für $\sigma_{zul} = 43,2$ N/mm². Als erforderlicher Wellendurchmesser folgt damit $d_{2erf} = 58,6$ mm.
Gewählt werden könnte DIN ISO 14 B8 x 62 x 68 (vgl. [2], S.104, TB12-3).

Da durch das Becherwerk Belastungen auf die Welle nur in einer Richtung erfolgen, erscheint der Aufwand für eine Keilwelle hier nicht nötig.

⇨ *Aufgabe 6.2-12*
Kontrollieren Sie die angegebenen Werte der Keilwelle selbständig!

6.2.3 Durchmesserentwurf für Schrumpfverbindung

In der Aufgabenstellung (vgl. 2, S.8) wurde darauf hingewiesen, daß das Getriebe nur einmal gefertigt werden soll. Damit ist die Dimensionierung nicht so bedeutungsvoll.
Bei höheren Stückzahlen ist eine Optimierung wesentlich wichtiger. Bei großen Serien geht es darum, an jeder Stelle wirtschaftliche Betrachtungen in den Vordergrund zu stellen. Die Frage ist, ob sich der erforderliche Wellendurchmesser reduzieren läßt, wenn mit einer Schrumpfverbindung gefügt wird. Zu beachten ist dabei allerdings, daß an den Übergangsstellen höhere Kerbwirkungen auftreten. Das kann eine bis zu 20%ige Verstärkung der Wellendurchmesser erfordern. Diese Stellen der Wellen können noch nicht genau vorgegeben werden, so daß zunächst wieder die Berechnung für die Zahnradmitte erfolgt.

$$\sigma_{zul} = \frac{\sigma_D \cdot b_{1\sigma} \cdot b_2}{v \cdot \beta_k} = \frac{240 \cdot 0,91 \cdot 0,72}{2 \cdot 1} \approx 78,6 \frac{N}{mm^2}$$

$$d_{erf} = \sqrt[3]{\frac{32 \cdot 855 \, Nm}{\pi \cdot 78,6 \frac{N}{mm^2}}} \approx 48 \, mm$$

Zu beachten ist, daß bei einer 20%igen Durchmessererhöhung der Welle im Übergangsbereich Zahnradrand-Welle ein anderes Moment wirkt. Das kann erst exakter berechnet werden, wenn der Entwurf genauer vorgenommen ist.

Es fehlen immer noch Aussagen zu den Lagerbreiten und die rechnerische Kontrolle der Welle-Nabe-Verbindungen.

⇨ *Aufgabe 6.2-13*
Berechnen Sie die erforderlichen Wellendurchmesser für Keilwelle und Schrumpfverbindung für die Stelle 3!

	Stelle 2	Stelle 3
Paßfederverbindung		
Keilwelle		
Schrumpfverbindung		

⇨ *Aufgabe 6.2-14*
Wiederholen Sie den behandelten Sachverhalt nach [3], S. 302,303!

7 Wälzlagerwahl

Ziel der Aufgabe ist es, eine Fertigungszeichnung für die Welle II zu erstellen. Dafür müssen u.a. auch die erforderlichen Passungsangaben bekannt sein. Die folgenden Überlegungen in diesem Gliederungspunkt dienen dazu, entsprechende Aussagen machen zu können.

⇨ *Aufgabe 7-1*
Warum erfolgt die Berechnung von Wälzlagern so grundsätzlich anders als die Berechnung eines Gleitlagers?

⇨ *Aufgabe 7-2*
Vergleichen Sie verschiedene Bauformen von Wälzlagern und deren Eigenschaften, und füllen Sie die folgende Tabelle aus!

	Radial-Rillenkugellager	**Radial-Pendelkugellager**	**Radial-Schulterkugellager**	**Axial-Rillenkugellager (einseitig wirkend)**	**Axial-Pendelrollenlager**
Radiale Tragfähigkeit					
Axiale Tragfähigkeit					
Axiale Beweglichkeit					
Winkelbeweglichkeit					
Eignung					

Für die Wälzlagerberechnung gibt es zwei grundsätzliche Einstiege:

- Ein Lager wird ausgewählt. Dann wird gefragt, wie lange es hält.

- Die Lebensdauer ist vorgegeben. Es wird das Lager bestimmt, das die geforderte Lebensdauer garantiert.

In diesem Beispiel wird der zweite Weg eingeschlagen.

Bekannte Werte: Lagerbelastung $F = 17,3$ kN
das Lager soll mindestens 1800 Betriebstunden halten
$n_{II} = 83,3$ min^{-1}

Es wird ein Rillenkugellager gewählt. Es erfüllt alle Betriebsbedingungen, ist billig und erfordert wenig Einbauraum.

Nach [1], S. 80, Gl.-Nr. 14.2 gilt für die dynamische Tragzahl

$$C = P \cdot f_L/f_n$$

$P = F_R = 17,3$ kN, da angenommen wird, daß keine Axialkräfte wirken
vgl. Aufgabe 6.1-5, S.41

Lebensdauerfaktor $f_L = 1,53$ abgelesen u. berechnet
vgl. [2], S.122, TB 14-5

Drehzahlfaktor $f_n = 0,74$ abgelesen u. berechnet
vgl. [2], S.122, TB 14-4

$C = 17,3$ kN $\cdot$ $1,53/0,74 = 35,8$ kN

Für die Lagerauswahl über die dynamische Tragzahl muß der Durchmesser der Welle bekannt sein. Im Lagerbereich kann der Durchmesser kleiner gewählt werden als z.B. an den Stellen 2 und 3 der Welle II; denn dort wirken kleinere Momente.
Nach 6.2.1, S.46 ist der Wellendurchmesser für die Welle II an der Stelle 2 mit 71 mm berechnet worden. Der Lagerdurchmesser wird im Entwurf mit 50 mm angenommen. Ob das möglich ist, muß am Ende rechnerisch nachgewiesen werden. Damit könnte gewählt werden

Rillenkugellager 6210 mit C = 36,5 kN; C_0 = 24 kN;
$d = 50$ mm; $D = 90$ mm; $B = 20$ mm; $r_{1s} = 1,1$ mm
vgl. [2], S.118, TB 14-2 bzw. Wälzlagerkatalog

⇨ *Aufgabe 7-3*

Wie kann aus der Lagerbezeichnung 6210 der Wellendurchmesser bestimmt bzw. erkannt werden?

7 Wälzlagerauswahl

Im Gliederungspunkt 5.3, Seite 27 wurde festgestellt, daß der Lagerabstand > 162,5 mm sein muß. Nun kann genauer festgelegt werden: Lagerabstand > 162,5 mm + 2 · B/2 = 182 mm. Ihre Skizze von Aufgabe 6.2-11 auf Seite 46 können Sie damit bereits präzisieren. Tun Sie das!
Aus der Mechanik ist Ihnen bekannt, daß eine Welle mit Fest- und Loslager ausgeführt werden sollte.

⇨ *Aufgabe 7-4*
Wodurch unterscheiden sich die beiden Lagerarten Fest- und Loslager?
Kennzeichnen Sie die Unterschiede durch eine Freihandskizze!
Worauf ist besonders zu achten?

⇨ *Aufgabe 7-5*
Charakterisieren Sie die Lager in den folgenden zwei Bildern!

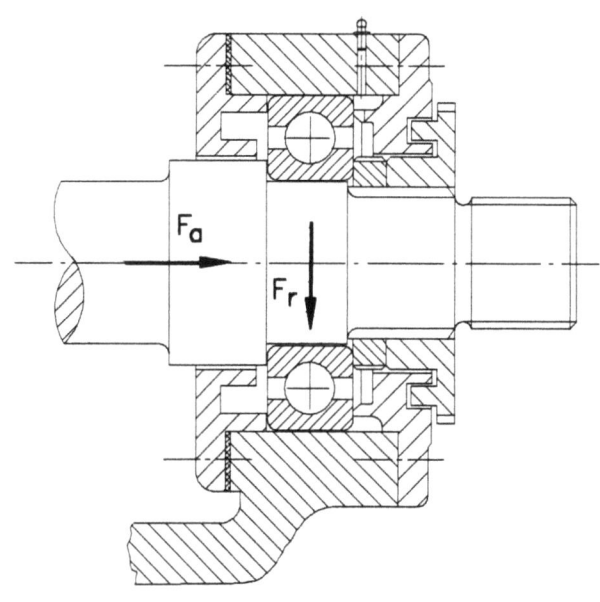

Bild 7 - 1

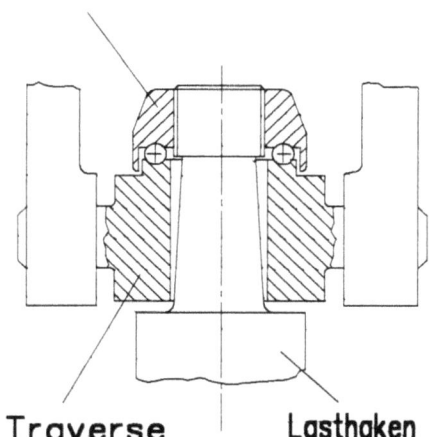

Bild 7 - 2

⇨ *Aufgabe 7-6*
Kann trotz festgelegter Innen- und Außenringe ein Wälzlager als Loslager verwendet werden?

Das Festlager wird axial in beiden Richtungen geführt. Das Loslager ermöglicht auf Grund von axialen Wärmedehnungen und Herstellungstoleranzen einen Ausgleich. Dieser Ausgleich kann unterschiedlich erreicht werden. Z.B. können der Lageraußenring und die Gehäusebohrungen als Spielpassung ausgeführt sein. Dadurch wird eine Verschiebung in axialer Richtung möglich. Oder es wird eine Spielpassung zwischen Welle und Lagerring vorgesehen. Die Wahl hängt von der Art der Belastung (Punktlast für Außenring oder Innenring) ab.

⇨ *Aufgabe 7-7*
Wann wird von Punktlast, wann von Umfangslast gesprochen?

⇨ *Aufgabe 7-8*
Ergänzen Sie in der folgenden Tabelle die vorgegebenen Kriterien für die drei Bilder!

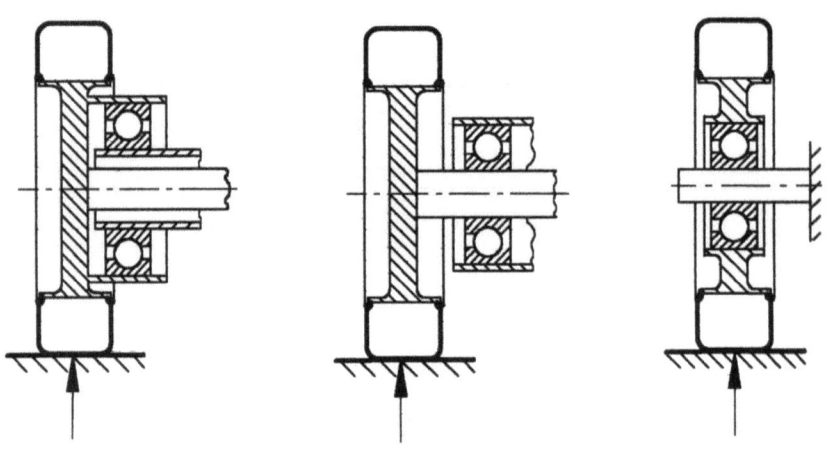

Bild 7 - 3a   Bild 7 - 3b   Bild 7 - 3c

	Außenring	Innenring	Außenring	Innenring	Außenring	Innenring
Punktlast						
Umfangslast						
größte Beanspruchung						
Ring steht still						
festerer Sitz erforderlich						

7 Wälzlagerauswahl

> **Beachten Sie:** Als Einbauregel gilt: *"Der Ring mit der Umfangslast muß festsitzen, der Ring mit der Punktlast kann lose sitzen."*
> vgl.[3], S.429

⇨ *Aufgabe 7-9*

Welche Gehäusetoleranz wäre hier für die Bohrung möglich?

Für die Welle II gilt, daß der Außenring im Getriebegehäuse still steht. Die Lagerkraft wirkt immer in einer Richtung – Punktlast. Für den Außenring wird eine Spielpassung gewählt.

Der Innenring muß in unserem Fall eine festere Passung erhalten. Es wird für die Welle II am Lagersitz die Durchmessertoleranz **j6** gewählt. Damit ist für die Fertigung der Welle II eine weitere Angabe bekannt (vgl. auch [2], S. 123, TB 14-8).

Sie haben sich jetzt ziemlich intensiv mit dem Wälzlager auseinandergesetzt. Ist der Einsatz eines Wälzlagers hier überhaupt sinnvoll? Wäre nicht besser ein Gleitlager zu verwenden gewesen?

⇨ *Aufgabe 7-10*

Welche Kriterien sind bei der Auswahl eines Lager – Gleit- oder Wälzlager – zu beachten?

8 Welle-Nabe-Verbindungen

Im Gliederungspunkt 6 erfolgte der Entwurf der Wellendurchmesser für die Welle II. Es wurde in Betracht gezogen, die Zahnräder mit einer Paßfeder, auf einer Keilwelle oder als Preßverbindung auf der Welle anzubringen. Natürlich muß kontrolliert werden, ob die Verbindung ausreicht, um das Drehmoment übertragen zu können. Für Paßfeder bzw. Vielkeilwelle muß geklärt werden, wie lang die tragende Verbindung sein muß. Bei der Preßverbindung spielen noch mehr Faktoren eine Rolle, so daß das Problem hier nicht auf eine Größe reduziert werden kann.
Bei Paßfeder oder Vielkeilwelle könnte es passieren, daß die erforderliche Länge größer wird als die vorgesehene Zahnbreite.

⇨ *Aufgabe 8-1*
Was wäre in einem solchen Fall zu tun?

8.1 Paßfederverbindung

Bekannte Werte: $T = 870{,}2$ Nm;
   Wellendurchmesser an der Stelle 2 71 mm;
   Werkstoff St 50

Für den Wellendurchmesser von 71 mm für die Stelle 2 kann bereits gewählt werden:
Paßfeder A 20 x 12 mit einer Wellennuttiefe von 7,5 mm.   *vgl.[2]; S.103;TB12-2*

Die erforderliche Paßfederlänge für die Stelle 2 der Welle II läßt sich so errechnen:

$$l'_{erf} = \frac{F_t \cdot c_B}{h' \cdot n \cdot \phi \cdot p_{zul}}$$

Es wurde bereits festgestellt, daß die Paßfederverbindung auf Flächenpressung beansprucht wird. Die zulässige Spannung kann nach [2], S.102, TB 12-1b und S.3, TB 1-4 bestimmt werden. Meist ist die Nabe maßgebend. Für das Zahnrad war der Werkstoff 16MnCr5 vorgesehen.
$p_{Fzul} = R_e/v_F = 440/2 = 220$ Nmm^{-2}.
Allerdings muß der "schwächere" Werkstoff berücksichtigt werden. Das ist hier die Welle aus St 50. $p_{Fzul} = R_e/v_F = 265/2 = 132{,}5$ Nmm^{-2}.

Umfangskraft $F_t = T/r = 870{,}2$ Nm · 2/ 71 = 24,5 kN

T = 870,2 Nm nach 3.2.5; S. 15

Betriebsfaktor $c_B = 1$, da leichte Stöße

vgl. [2], S. 40, TB 3-6

tragende Paßfederhöhe $h' = 0{,}45h = 0{,}45 \cdot 12 = 5{,}4$ mm
   Häufig wird mit folgender Annahme gerechnet:
   $h' = h - t_1 = 12 - 7{,}5 = 4{,}5$ mm
   Das bedeutet eine kleinere Fläche, damit eine größere Spannung; man liegt damit auf der sicheren Seite!

vgl. [2], S. 103, TB 12-2

8.2 Keilwelle

Anzahl der Paßfedern $n = 1$

Tragfaktor $\phi = 1$, da nur eine Paßfeder vorgesehen ist

$$l_{erf}' = \frac{24{,}5\,kN \cdot 1}{5{,}4\,mm \cdot 1 \cdot 1 \cdot 132{,}5\,N/mm^2} = 33{,}5\,mm$$

$$l_{erf} = l_{erf}' + 2 \cdot b/2 = 33{,}5 + 20 = 53{,}5\,mm$$

$$l_{gew} = 56\,mm$$

Die vollständige Bezeichnung: **Paßfeder DIN 6885 A 20 x 12 x 56**

Bei der Wahl der Paßfederlänge ist zu beachten, ob sie auch in der Länge geliefert werden kann. Die hier gewählte Paßfeder läßt sich gut für das Zahnrad an der Stelle 2 verwenden.

  Aufgabe 8.1-1
Berechnen Sie die erforderliche Paßfederlänge für die Stelle 3 der Welle 2!
Es soll angenommen werden, daß das Zahnrad groß genug für eine Paßfederverbindung ist! Nach Aufgabe 6.2-10 wurde als erforderlicher Wellendurchmesser für die Stelle 3 80 mm ermittelt.

8.2 Keilwelle

Bekannte Werte: $T = 870{,}2\,Nm$; Keilwelle B 8 x 62 x 68

Während bei der Paßfeder die Belastung als Umfangskraft am Wellendurchmesser angenommen wird, muß bei der Keilwelle mit einem mittleren Durchmesser gerechnet werden. Auch hier wird die Flächenpressung nachgerechnet. Die zulässigen Flächenpressungswerte werden dem Abschnitt 8.1 entnommen.
Nach 6.2.1, S. 42 wurde bereits gewählt nach DIN ISO B 8 x 62 x 68.
Für die Kontrolle der erforderlichen Länge gilt:

$$L_{erf} = \frac{2 \cdot c_B \cdot T}{d_m \cdot h' \cdot 0{,}75 \cdot n \cdot p_{zul}}$$

vgl. [1], S.67, Gl.-Nr.12.2

Mit dem Faktor 0,75 werden Herstellungsungenauigkeiten berücksichtigt. Es wird also angenommen, es tragen nur 3/4 der Flächen.

mittlerer Durchmesser $d_m = (D + d)/2 = (68 + 62)/2 = 65\,mm$

Keilhöhe $h' = (D - d)/2 - 2f \approx 0{,}4\,(D - d) = 0{,}4\,(68 - 62) = 2{,}4\,mm$

Anzahl der Keile $n = 8$

$$L_{erf} = \frac{2 \cdot 1 \cdot 870,2 \text{ Nm}}{65 \text{ mm} \cdot 2,4 \text{ mm} \cdot 0,75 \cdot 8 \cdot 132,5 \text{ N/mm}^2} = 1,4 \text{ mm}$$

Es wäre denkbar, eine wesentlich kleinere Keilwelle vorzusehen, um eine größere erforderliche Fügelänge zu bekommen. Allerdings wäre dann die Festigkeit der Welle nicht mehr gewährleistet. Damit soll die Keilwelle als Verbindungsmöglichkeit für Welle mit dem Zahnrad nicht mehr weiter betrachtet werden.

⇨ *Aufgabe 8.2-1*
Berechnen Sie zur Übung die erforderliche Fügelänge für die Keilwellenverbindung für die Stelle 3 der Welle II!

8.3 Schrumpfverbindung

Bekannte Werte: $T = 870,2$ Nm; Welle aus St 50; Wellendurchmesser $d = 50$ mm; Teilkreisdurchmesser $d_2 = 195$ mm; Fügelänge 57,5 mm; Einheitswelle h6; $R_z = 10$ µm

Auch hier soll die Berechnung für die Stelle 2 der Welle II erfolgen!

⇨ *Aufgabe 8.3-1*
Welche Besonderheiten weisen Preßverbände auf?

⇨ *Aufgabe 8.3-2*
Welche Faktoren können die Dimensionierung einer Querpreßverbindung beeinflussen?

⇨ *Aufgabe 8.3-3*
Worauf ist bei der Berechnung einer Querpreßverbindung grundsätzlich zu achten?

⇨ *Aufgabe 8.3-4*
Welche Beanspruchung tritt bei einer Querpreßverbindung auf?
Welchem geometrischen Gebilde entspricht die Berührungsfläche?

In [3], S. 332 ist ein Ablaufplan zur Bestimmung der Übermaße bei Preßverbänden vorgegeben. Hier soll von der Fragestellung ausgegangen werden:
   Welche Passung ist erforderlich, um bei den vorgegebenen Werten das auftretende Drehmoment sicher übertragen zu können?

8.3 Schrumpfverbindung

Beachten Sie: In der folgenden Rechung stehen große Buchstaben im Index für das Außenteil (A) bzw. Innenteil (I). Der zweite kleine Buchstabe im Index gibt die Innenmaße (i) bzw. Außenmaße (a) des Teiles an.

Bekannt sind für die Stelle 2 bisher:

Drehmoment $T = 870{,}2$ Nm *vgl. 3.2.5 - S.15*

Wellendurchmesser = Fügedurchmesser $D_F = 50$ mm *vgl. 6.2.1.3 - S. 47*
Beachte einschränkende Bemerkungen!

Umfangskraft $F_t = (c_B \cdot T)/r$, da keine Axialkräfte wirken!
$F_t = 870{,}2$ Nm/ 25 mm $= 34{,}8$ kN

Außen(Teilkreis)durchmesser des Zahnrades $d_3 = 195$ mm
- vgl. 5.4, S.28; nach [2], S.102,TB 12-1 ist 195>2,5·50;
Nabenlänge ebenfalls größer als erforderllich

Vollwelle II ergibt $D_{Fi} = 0$

Für die Länge des "Berührungszylinders", der sich aus der Breite des Zahnrades ergibt, wird ein etwas geringerer Wert angenommen. Der Fügevorgang soll durch eine Fase erleichtert und die Kerbwirkungen abgebaut werden.
Nabenlänge folgt aus Zahnbreite $l_F = 62{,}5$ mm - 5 mm = 57,5 mm.

Nach Aufgabe 8.3-3 müssen zwei Bedingungen eingehalten werden, um eine Preßverbindung funktionsfähig zu machen:

- **das Drehmoment muß sicher übertragbar sein.**
  Das wird kontrolliert durch das meßbare Mindestübermaß $Ü_U$ vor dem Fügen.

$$Ü_u = Z_k + G$$

- **das Außen- oder/und Innenteil darf nicht durch zu große auftretende Spannungen zerstört oder unzulässig plastisch verformt werden.**
  Das wird kontrolliert durch das meßbare Höchstübermaß U_O vor dem Fügen.

$$Ü_o = Z_g + G$$

Damit erhält man die Paßtoleranz $P_T = Ü_o - Ü_u$, die es ermöglicht, Passungen für Welle und Nabe zu wählen. Dabei muß festgelegt werden, ob im System Einheitswelle oder Einheitsbohrung gearbeitet wird. Wir wollen hier im System Einheitswelle arbeiten, obwohl es aus fertigungstechnischer Sicht auf jeden Fall günstiger wäre, das System Einheitsbohrung zu wählen.

⇨ *Aufgabe 8.3-5*
Begründen Sie diese Feststellung!

Für die Passungsauswahl soll zunächst das Mindestübermaß $Ü_U$ bestimmt werden.

$$Ü_U = Z_k + G$$

kleinstes erforderliches Haftmaß $Z_k = p_{Fk} \cdot D_F \cdot (K_A + K_I)$

vgl. [1]; S.69,Gl-Nr.12.19

Fugenpressung $p_{Fk} = F_{Rt}/(A_F \cdot \mu)$

vgl. [1]; S.69,Gl-Nr.12.14

Rutschkraft $F_{Rt} = (c_B \cdot v_H) F_t$

vgl. [1]; S.69,Gl-Nr.12.13

$F_t = 34,8$ kN - s.o.!
Haftsicherheit $v_H \approx 1,5...2$
Betriebsfaktor $c_B = 1$
$F_{Rt} = 1 \cdot 1,5 \cdot 34,8$ kN $= 52,2$ kN

Fügefläche $A_F = D_F \cdot \pi \cdot l_F = 50$ mm $\cdot \pi \cdot 57,5$ mm
$A_F = 9032$ mm²

Haftbeiwert $\mu = 0,12$

Hier muß bereits klar sein, wie die Verbindung technologisch hergestellt wird. Soll das Zahnrad im Öl erwärmt werden, dann gilt für $\mu = 0,12$.

vgl. [2]; S.106,TB 12-6

$p_{Fk} = F_{Rt}/(A_F \cdot \mu) = 52200$ N$/(9032$ mm² $\cdot 0,12) = 48,2$ Nmm^{-2}

Da sehr viele Einflußgrößen wirken, werden sie z.T. in Korrekturfaktoren K (Hilfsgrößen K_A und K_I) berücksichtigt.

$$K_A = \frac{(1+v_A)+(1-v_A) \cdot Q_A^2}{E_A \cdot (1-Q_A^2)}$$

nach [1]; S.69,Gl.Nr. 12-17

Querdehnzahl $v_A = 0,3$ *nach [2]; S.107,TB 12-6b*

Durchmesserverhältnis $Q_A = D_F/D_{Aa} = 50/195 = 0,256$

nach [1]; S.68

$Q_A^2 = 0,066$

Elastizitätsmodul $E_A = 210000$N/mm² *nach [2]; S.32,TB 3-1*

$K_A = 6,86 \cdot 10^{-6}$ mm²/N

Dieser Wert hätte auch aus dem Diagramm [2], S.107,TB12-7 bestimmt werden können.

8.3 Schrumpfverbindung

⇨ *Aufgabe 8.3-6*
Bestimmen Sie K_I nach [1], S.69, Gl.-Nr. 12.18 selbständig!

Damit wird das kleinste Haftmaß, wenn für K_I die Lösung von Aufgabe 8.3-6 angenommen wird:

$$Z_k = 48,2 \text{ Nmm}^{-2} \cdot 50 \text{ mm } (6,86 + 3,33) \cdot 10^{-6} \text{ mm}^2 / \text{N}$$
$$Z_k = 24,6 \cdot 10^{-3} \text{ mm}$$

Die Rauhigkeiten der Oberflächen der zu fügenden Flächen werden durch das Herstellen der Verbindung geändert. Diese auftretende Glättung wird bestimmt über

$$G \approx 0,8 \cdot (R_{zAi} + R_{zIa})$$

Hier muß bereits eine Festlegung getroffen sein, in welcher Qualität Welle und Nabe gefertigt werden. Für die Welle war diese Angabe bereits bei der Kontrolle der Gestaltfestigkeit erforderlich (vgl. 6.2.1, S.42). Angaben dazu können Sie in [2], S.31; TB 2-13 finden.

$$G \approx 0,8 (10 + 10) \text{ µm} = 16 \text{ µm}$$

Mit den ermittelten Werten ist $Ü_U$ zu bestimmen.

$$Ü_U = 24,6 \cdot 10^{-3} \text{ mm} + 16 \text{ µm} = 40,6 \text{ µm}$$

Für die zahlenmäßige Bestimmung der Paßtoleranz wird nun noch das Höchstübermaß

$$Ü_o = Z_g + G \quad \text{benötigt.}$$

größtes zulässiges Haftmaß $Z_g = p_{Fg} \cdot D_F \cdot (K_A + K_I)$

vgl. [1], S.70, Gl.-Nr. 12.24

$$p_{Fg} < \frac{R_{p0,2A}}{v_{PA}} \cdot \frac{1 - Q_A^2}{\sqrt{3 + Q_A^4}}$$

vgl. [1], S.69, Gl.-Nr.12.22

Der Fugendruck p_{Fg} muß für das Außen- und das Innenteil bestimmt werden, weil für die weitere Berechnung der kleinere der Werte genommen wird. Er bedeutet die Schwachstelle der Verbindung.

für St 50 wurde gewählt $R_{p0,2} = 295 \text{ Nmm}^{-2}$;
damit wird $p_{Fg} = 170,3 \text{ Nmm}^{-2}$

für 16MnCr5 wurde gewählt $R_{p0,2} = 640 \text{ Nmm}^{-2}$;
damit wird $p_{Fg} = 345 \text{ Nmm}^{-2}$

Nun läßt sich Z_g bestimmen: $Z_g = 170,3 \text{ Nmm}^{-2} \cdot 50 \text{ mm } (6,86 + 3,33) \, 10^{-6} \text{ mm}^2/\text{N}$
$Z_g = 86,8 \text{ µm}$

Höchstübermaß $Ü_o = (86{,}8 + 16)$ µm $= 102{,}8$ µm

Soll nun eine geeignete Passung ausgewählt werden, so ist darauf zu achten, möglichst nur die Genauigkeit zu wählen, die auch unbedingt erforderlich ist (Kosten!).

⇨ *Aufgabe 8.3-7*

Informieren Sie sich, ob mit der Einheitswelle h8 eine geeignete Passung gefunden werden kann!

Sie werden feststellen, daß das nicht möglich ist. Wir versuchen es deshalb mit der Einheitswelle *h6*. Die Abmaße sind nach [2], S.24,TB 2-5 für h6 bei einem Durchmesser von 50 mm mit 0 und -16µm sofort zu entnehmen.
Ein Auszug aus DIN 7155, Blatt 1 liegt Ihnen als Anhang 3 vor.
Zum besseren Verständnis machen Sie sich den Sachverhalt an der vorliegenden Skizze noch einmal klar (Bild 8 - 1).
Für die Paßtoleranz wird $P_T = 102{,}8 - 40{,}6 = 62{,}2$ µm

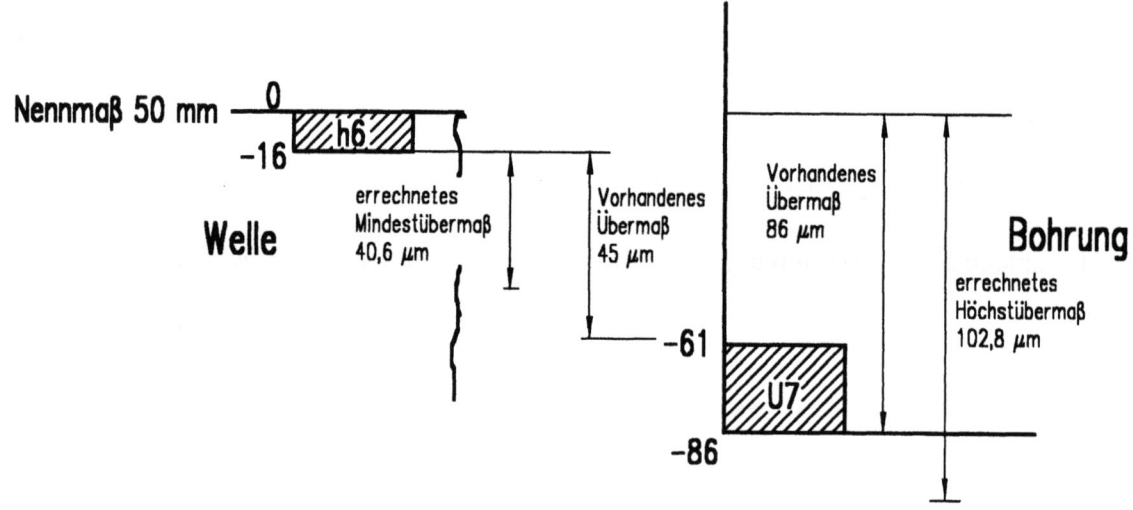

Bild 8 - 1

Eine genauere Kontrolle der Preßpassung kann nach [3], S. 331 erfolgen.
Für die gewählte Preßpassung h6/U7 gilt:

– das vorhandene Mindestübermaß $Ü_U'$ ist größer als das errechnete $Ü_U$;
das Drehmoment kann sicher übertragen werden!

– das vorhandene Höchstübermaß $Ü_o'$ ist kleiner als das errechnete $Ü_o$;
das Bauteil wird nicht unzulässig verformt!

Allerdings kann noch nicht endgültig entschieden werden, ob diese Schrumpfverbindung möglich wäre, weil für das Fügen z.B. eine Erwärmung des Außenteils erforderlich ist. Es muß noch die erforderliche Temperaturdifferenz bestimmt werden.

Zum vorhandenen Übermaß muß ein Aufschlag S_u (kleinstes notwendiges Einführspiel) vorgesehen werden, um das Fügen überhaupt zu ermöglichen; deshalb
$S_u = Ü'_o/2 = 86/2 = 43 \mu m$

$$\Delta\vartheta = \frac{Ü'_o + S_u}{\alpha_A \cdot D_F} = \frac{(86 + 43) \mu m}{11 \cdot 10^{-6} K^{-1} \cdot 50 \text{ mm}} = 234,5 \text{ K}$$

vgl. [1], S. 70, Gl.-Nr.12.29 und
[2], S. 107; TB 12-6b

Beachtet man Umgebungstemperatur von 20° C, dann ist eine Fügetemperatur von 254,5° erforderlich. Hier muß bekannt sein, ob für das Zahnrad solch eine Erwärmung noch möglich ist, ohne daß sich Eigenschaften verändern, die durch die Vorbehandlung erreicht werden sollten.

⇨ *Aufgabe 8.3-8*
Welche Möglichkeiten gäbe es, die Verbindung trotzdem herzustellen, falls die Temperatur nicht mehr zulässig ist?

8.4 Kegel-Spannelemente

Bisher war jede Verbindungsart nicht problemlos realisierbar. Deshalb soll noch eine weitere Verbindungsmöglichkeit betrachtet werden. Das sind die Ringfedern, die durch ihre keglige Form gut zum Spannen genutzt werden können, die Kegel-Spannelemente.

⇨ *Aufgabe 8.4-1*
Informieren Sie sich ausführlicher über Vorteile der Kegel-Spannelemente!
Wäre eine Anwendung hier sinnvoll?

Da bei dieser Verbindungsart die Welle nicht geschwächt wird, treten geringste Kerbwirkungen auf, die vernachlässigt werden können. Der Spannungszustand der Welle entspricht etwa dem einer glatten Welle. Damit wird die zulässige Spannung auf Grund der Gestaltfestigkeit deutlich höher, der erforderliche Durchmesser der Welle entsprechend kleiner.

⇨ *Aufgabe 8.4-2*
Weisen Sie rechnerisch nach, daß der Wellendurchmesser bei 50 mm liegen kann!

Als Passung wird h8/H8 empfohlen. An den Sitzflächen der Ringe wird gefordert $R_z \leq 6 \mu m$. Das wäre bei der Gestaltung der Welle zu berücksichtigen.
Wenn angenommen wird, daß für die Stelle 2 der Welle II ein Drehmoment von 870,2 Nm durch das Kegel-Spannelement übertragen werden soll, dann wäre die Verbindung möglich, wenn 2 Elemente verwendet werden. Allerdings darf das Drehmoment, das ein Element übertragen kann (vgl. [2], S. 108, TB 12-9) nicht verdoppelt werden. Als Faktor wird nach [3], S.340 1,55 angegeben (bei Neigungswinkel 17° und einer Reibzahl von etwa 0,12), weil die Tragfähigkeit auf Grund der Reibungsverluste nach einer geometrischen Reihe mit der Anzahl der Elemente abnimmt.

Die Gestaltung dieser Verbindung könnte folgendermaßen aussehen:

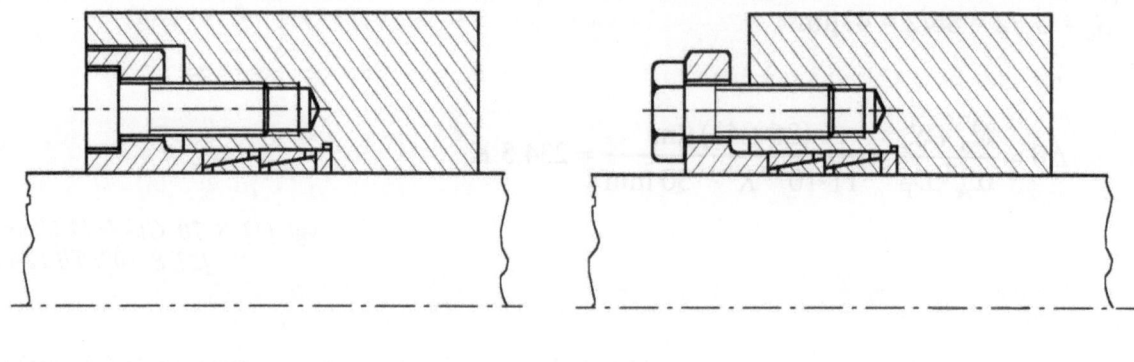

Bild 8 - 2 Bild 8 - 3

Die Spannung erfolgt hier nabenseitig.

 Aufgabe 8.4-3
Informieren Sie sich, wie eine wellenseitige Verspannung zu gestalten wäre!

Auf einige Probleme sei hier bereits hingewiesen. Für das Zahnrad an der Stelle 3 ist eine Breite von 100 mm vorgesehen. Die Breite eines Ringfederspannelementes ist wesentlich geringer. Wird das Spannen über Druckringe vorgenommen, dann kann die Verschraubung von außen erfolgen. Das bedeutet, daß mehr Platz erforderlich ist, die Welle länger werden muß. Wird im Zahnrad ein Bund vorgesehen, dann hat das eine Schwächung der Nabe zur Folge. Die unterschiedliche Steifigkeit des Zahnrades kann bei wechselnder Belastung und großen Drehmomenten, die übertragen werden sollen, von Bedeutung sein. In unserem Beispiel müßte darauf nicht geachtet werden. – Aber ein anderes Problem taucht noch auf. Der Druckring muß mit Schrauben an der Nabe befestigt werden. Reicht der Platz der Nabe dafür aus?
Sie stellen fest, der "Teufel" steckt oft im Detail. Leider klappt eine Berechnung in den seltensten Fällen problemlos. – Die breite, ungeschwächte Nabe kann zur besseren Führung des Zahnrades genutzt werden. Eine Passung g7/H7 würde diese Aufgabe erfüllen.
Die Schrauben, die zum Bewegen des Druckringes auf dem Umfang gleichmäßig verteilt sind, sind nach dem Anziehen keiner zusätzlichen Belastung mehr ausgesetzt. Die Sicherung über die Vorspannung ist ausreichend.
Das von der Verbindung übertragbare Drehmoment wird bestimmt

$$T \leq \frac{T_{Tab}}{c_B} \cdot \frac{p_{Fg}}{p_N} \cdot f_n$$

vgl. [3], S. 340, Gl.-Nr.12.44
oder [1], S.72

Nach [2], S. 108, TB 12-9 und 8.3, S. 59 erhält man ein Drehmoment

$$T \leq \frac{523\ \text{Nm}}{1} \cdot \frac{170}{120} \cdot 1{,}55 = 1148\ \text{Nm}$$

Die Verbindung an der Stelle 2 der Welle II wäre möglich, da nach 3.2.5 (vgl. S.15) ein Drehmoment von 870,2 Nm zu übertragen wäre.

Die Breite des Ringspann-Spannelementes TLK 300 beträgt nur 10 mm. Bei 2 geplanten Elementen wären das 20 mm. Damit die Führung des Zahnrades erhalten bleibt, wird ein Bund von 57 mm nur in der entsprechenden Breite am Zahnrad vorgesehen. Der Rest des Zahnrades hat eine Bohrung von 50 mm und kann so auf der Welle geführt werden. Damit erhält der Zahnkranz auch eine ausreichende Stärke.

  Aufgabe 8.4-4
Kontrollieren Sie die angegebenen Zahlenwerte nach Tabelle!

Bei der Befestigung des Zahnrades 3 auf diese Art gibt es jedoch Probleme. Das soll im folgenden Gliederungspunkt noch erörtert werden.

8.5 Diskussion

Wir stellen zunächst fest: Es macht keine Schwierigkeiten, das Zahnrad 2 auf der Welle II zu befestigen. Aber für das relativ kleine Zahnrad 3 läßt sich keine einfache Lösung mit den gegebenen Randbedingungen finden.

Es wurde festgestellt, daß an der Stelle 3 der Welle II eine Paßfederverbindung nicht realisierbar ist, weil der Durchmesser der Welle und die Größe des Zahnrades nicht zusammenpassen. Der erforderliche Wellendurchmesser wäre 80 mm, der Teilkreisdurchmesser des Zahnrades 3 ebenfalls 80 mm (vgl. Aufgabe 6.2-10, S. 46 bzw. 5.4, S. 28). Es ist auch nicht möglich, die Stelle als Ritzelwelle auszuführen, weil die Forderung nach 2., S. 8 gestellt ist, keine Ritzelwelle zu nehmen. Außerdem wäre für eine Einzelfertigung dieser Aufwand nicht gerechtfertigt. Bei der Wahl eines Kegel-Spannelementes reicht der Platz für die Schrauben zur Befestigung des Druckringes nicht aus. Welche Möglichkeiten gibt es, die Stelle 3 der Welle II zu gestalten?

- Es kann für das Zahnradpaar 3,4 ein größerer Modul gewählt werden. Damit ergeben sich größere Zahnraddurchmesser und eine Verbindung mit der Welle über die Paßfeder wäre möglich.

- Weiter könnte überprüft werden, ob bei einem gewählten Übersetzungsverhältnis von $i_{1,2} = i_{3,4} = 3,6$ (vgl. 3.1, S. 12) die Verhältnisse günstiger wären. Das bedeutet allerdings, daß die gesamte Aufgabe noch einmal begonnen werden muß; denn es ändern sich durch die anderen Übersetzungsverhältnisse u.a. auch die Drehmomente. Daß dieser Weg nicht den gewünschten Erfolg bringt, zeigt folgender Ansatz:

$$T_2 = T \cdot i_{Rie} \cdot i_{1,2} \cdot \eta_V \cdot \eta_{RIE} \cdot \eta_L^6$$

$$T_2 = 82,28 \text{ Nm} \cdot 3 \cdot 3,6 \cdot 0,98 \cdot 0,96 \cdot 0,99^6 = 787 \text{ Nm}$$

$$m_{erf} = \sqrt[3]{\frac{4 \cdot 787 \text{ Nm}}{260 \text{ Nmm}^{-2} \cdot 20^2 \cdot 0,9}} = 3,22 \text{ mm} \qquad \textit{vgl. 5.2.1, S. 26}$$

$$m_{erf} = \frac{10}{20} \sqrt[3]{\frac{400 \text{ N/mm}^2 \cdot 787 \text{ Nm}}{0,9 \cdot (1000 \text{ N/mm}^2)^2} \cdot \frac{3,6+1}{3,6}} = 3,82 \text{ mm}$$

vgl.5.2.2, S. 26

Bleibt man nach [2], S. 148, TB 15-1 in der Modulreihe 1, so erhält man wieder für $m = 4$ mm.

– ein dritter Versuch wäre, unter Aufgabe 6.2-13, S. 48 den Nachweis für den erforderlichen Durchmesser sorgfältiger zu führen, um auf einen kleineren erforderlichen Wellendurchmesser zu kommen, um damit z_3 doch noch auf der Welle II befestigen zu können. Für eine Schrumpfverbindung wurden an der Stelle 3 63 mm als erforderlicher Wellendurchmesser berechnet. Für das Zahnrad ist der erforderliche Fußkreisdurchmesser 70 mm. Der tragende Teil des Zahnrades ist zu klein (nach [3], S. 512 soll die Kranzdicke $s_R \geq 3,5 \cdot m$ sein!).

⇨ *Aufgabe 8.5-1*
Kontrollieren Sie den Wert für den angegebenen Fußkreisdurchmesser!

Es soll aber auch noch einmal kontrolliert werden, ob für die Stelle 3, Welle II

• die Lastannahmen realistisch sind?

• die zulässige Spannung für die Schrumpfverbindung unter 6.2.3, S. 47 vertretbar vermindert werden kann, um doch noch einen kleineren Wellendurchmesser zu erhalten, der die Welle-Nabe-Verbindung ermöglicht?

Für die Belastung wurde unter 3.2.2, S. 14 für den Betriebsfaktor $c_B = 1,4$ angenommen. Nach [2], S. 40, TB 3 - 6b wäre für c_B sogar ein Wert unter 1 möglich. Nach [2], S. 40 Tabelle 3 - 6a ist der Betriebsfaktor mit maximal 1,1 vorgegeben (vgl. auch Anwendungsfaktor K_A - 5.6.1, S. 31 bzw. [2], S. 158, TB 15-17). Dieser Wert soll für die weitere Berechnung angenommen werden. Damit wird für

$T = 1,1 \cdot 58,77 \text{ Nm} = 64,65 \text{ Nm}$ *nach 3.3.2, S. 14*

$T_2 = 64,65 \text{ Nm} \cdot 3 \cdot 3,9 \cdot 0,98 \cdot 0,96 \cdot 0,99^6 = 668 \text{ Nm}$ *nach 3.2.6, S. 16*

$F_{t3,4} = 17,2 \text{ kN}$ *nach 6.1.2, S. 38*

$F_{r3,4} = 6,2 \text{ kN}$ *nach 6.1.2, S. 38*

Konsequenterweise muß nun auch die Rechnung für die Stelle 2 der Welle II mit $c_B = 1,1$ durchgeführt werden, um das Vergleichsmoment an der Stelle 3 zu erhalten.

⇨ *Aufgabe 8.5-2*
Bestimmen Sie mit diesen Annahmen das neue Vergleichsmoment an der Stelle 3!

8.4 Diskussion

Angenommen wurde unter 6.2.1, S. 45, daß das Becherwerk immer mit Höchstlast arbeitet. Das setzt voraus, daß der Füllgrad der Becher immer 100% ist. Da das im praktischen Betrieb in der Regel nicht realisiert werden kann – obwohl es natürlich angestrebt wird – ist es möglich, hier für $v = 1{,}75$ zu wählen. Damit erhält man (vgl. 6.2.3, S. 47)

$$\sigma_{zul} = \frac{240 \cdot 0{,}91 \cdot 0{,}72}{1{,}75} = 89{,}9 \text{ Nmm}^{-2}$$

$$d_{erf} = \sqrt[3]{\frac{32 \cdot 1036 \text{ Nm}}{\pi \cdot 89{,}9 \text{ Nmm}^{-2}}} = 49 \text{ mm}$$

Damit könnte an der Stelle 3 bei einem gewählten Durchmesser von 50 mm das Zahnrad 3 gut aufgeschrumpft werden. Der Nachweis, daß die Schrumpfverbindung möglich ist, müßte geführt werden. Das wäre sicher für Einzelfertigung auch die einfachste Art, wenn von Kegel-Spannelementen abgesehen wird. Doch da bestand das Problem, daß der Platz zwischen Wellendurchmesser 50 mm und dem Fußkreisdurchmesser 71 mm zu knapp ist, um den Druckring unterzubringen. Die erforderlichen Lochkreisdurchmesser lassen sich rechnerisch bestimmen. Zwischen Schraubenkopf und Spannelement ist auch ein bestimmter Platz erforderlich. Hier soll jedoch auf weitere Details verzichtet werden. Diese Verbindungsart ist ohne großen Rechenaufwand kontrollierbar und wäre sicher bei anderen Zahnradgrößen bei Einzelfertigung sinnvoll.

Es kann der Eindruck entstehen, es läßt sich mit den Sicherheiten beliebig "locker" umgehen. Das ist nicht der Fall! Diese Sicherheitswerte sollten immer sorgfältigst bedacht werden. Es soll ja leicht, billig und ökonomisch gebaut werden! Das Bauteil muß aber auch sicher sein! Hier wurde zu Übungszwecken in den ersten Rechenschritten die Sicherheit bewußt etwas höher angesetzt! So war dieses "Herunterrechnen" möglich. Gerade der "Anfänger" neigt jedoch auch dazu, mit größeren Sicherheiten zu rechnen. Das ist aber unwirtschaftlich.

Zusammenfassung: Zahnrad 2 könnte mit einer Paßfeder A 20 x 12 x 56 auf einer Welle mit einem Durchmesser von 71 mm verbunden werden.

Zahnrad 3 kann auf eine Welle ⌀ 50 mm aufgeschrumpft werden.
Erforderliche Passung h6/U7

9 Kupplungsauswahl

Die Welle II wird keine direkte Verbindug zur Kupplung haben. Aber die gewählte Kupplung hat Auswirkungen auf das Getriebe und damit auch auf die Welle II.

⇨ *Aufgabe 9-1*
Zählen Sie Aufgaben auf, die Kupplungen zu übernehmen haben!
Nennen Sie mindestens je eine Kupplung, die diese Aufgabe besonders gut erfüllt!

⇨ *Aufgabe 9-2*
Nennen Sie ordnende Gesichtspunkte für die Einteilung von Kupplungen!

⇨ *Aufgabe 9-3*
Worauf ist bei der Auswahl einer Kupplung zu achten?

⇨ *Aufgabe 9-4*
Welchen Einfluß hat eine Kupplung auf das Getriebe?

Wird eine Kupplung zwischen Motor und Getriebe vorgesehen – das ist u.a. zur Erleichterung der Montage und Demontage erforderlich – dann kann bei richtiger Wahl der Kupplung das Getriebe wesentlich geschont werden. Im Gliederungspunkt 2 (vgl. Aufgabe 2-8, S.9) wurde auf die unterschiedlichen Eigenschaften der Elektroantriebe hingewiesen. Ohne Kupplung würde das Drehmoment direkt auf das Getriebe übertragen. Eine Kupplung mit elastischen Bauelementen (z.B. elastische Bolzenkupplung, elastische Klauenkupplung) kann die Stöße dämpfen. Vgl. auch [3], S. 356. Allerdings können die Aufgaben der Arbeitsmaschine ebenfalls dazu führen, daß das Getriebe stoßartig belastet wird. Die richtige Kupplung zwischen Arbeitsmaschine und Getriebe schont auch hier das Getriebe.

Bei dem vorliegenden Becherwerk ist im ungünstigsten Fall mit geringen Stößen zu rechnen, so daß auch andere Kupplungsarten als die oben genannten eingesetzt werden können.

Da beispielsweise im Gegensatz zu einem Kran bei einem Becherwerk relativ selten aus der Ruhe der Anlauf erfolgen muß, können hier die Beschleunigungsmomente vernachlässigt werden.

⇨ *Aufgabe 9-5*
Warum sollten Kupplungen möglichst auf der Motorwelle angebracht werden?

⇨ *Aufgabe 9-6*
Wählen sie nach [3], S.397 eine geeignete Kupplung für das Becherwerk aus
  - vor dem Getriebe auf der Motorseite
  - nach dem Getriebe für den Becherwerkskopf!

Da die Verbindung zwischen Motor und Getriebe über einen Riementrieb erfolgt, muß dort keine Kupplung vorgesehen werden. Zwischen Getriebeausgang und Becherwerkskopf wird eine elastische Klauenkupplung mit Rücklaufsperre gewählt (vgl. auch Aufgabe 4-5, S. 22!).

9 Kupplungsauswahl

Bekannte Werte: Drehmoment T = 2744 Nm
Antrieb über Elektromotor; Anlauf selten; Vollast mit im ungünstigsten Fall mäßigen Stößen; Laufzeit täglich 3h

Für die Größenauswahl dieser Kupplung genügt, wenn das vorhandene Kupplungsmoment größer wird als das Lastmoment, multipliziert mit einem Betriebsfaktor, durch den einige Randbedingungen berücksichtigt werden. Eine genauere Berechnung ist sehr aufwendig und erfordert entsprechendes Spezialwissen. Außerdem lassen sich viele Einflußgrößen rechnerisch nur sehr schwer erfassen. Die Auswahl der Kupplung über den Betriebsfaktor ist für diesen Einzelfall ausreichend, auch wenn die Kupplung dadurch meist größer ausgewählt wird als es erforderlich wäre.

$T_K > T_N \cdot c_B$ *vgl.[3], S. 360*

Der Betriebsfaktor kann nach [2], S. 40, TB 3-6b bestimmt werden – c_B = 1,6.
T_N wurde unter 3.2.8, S. 16 berechnet. Die Überlegungen nach Gliederungspunkt 8 werden hier nicht berücksichtigt.
Damit muß das Moment, das die Kupplung übertragen kann, größer sein als

$T_K > 1{,}6 \cdot 2744$ Nm = 4390 Nm

Eine elastische Klauenkupplung B (N-Eupex-Kupplung) kann nicht gewählt werden, da sie nach den Unterlagen das geforderte Drehmoment nicht übertragen kann. *vgl. [2], S.112, TB 13-3*

Gewählt wird eine
elastische Klauenkupplung - Hadeflex-Kupplung - Bauform XW1 - Baugröße 125
mit T_{KN} = 4400 Nm.

vgl.[2],S.112,TB13-4

Der erforderliche Wellendurchmesser der Welle III kann bestimmt werden. Dazu ist nach dem Entwurf II (vgl. Gliederungspunkt 10) der genauere Lagerabstand festzulegen. Für die gewählte Baugröße der Kupplung sind Durchmesserwerte zwischen 70 mm und 125 mm möglich. Die Kupplung ist also einsetzbar, da auch die Drehzahl der Welle viel niedriger ist als die maximal mögliche dieser Kupplung (2500 min^{-1}).

10 Entwurf der Welle II

Nun sind Sie mit den Vorüberlegungen so weit gekommen, daß Sie sich an eine Zeichnung wagen können. Der Entwurf der Welle kann hier bereits viel konkreter als unter Gliederungspunkt 6.1.3, S. 40 erfolgen. Hoffentlich haben Sie inzwischen nicht ganz den Überblick verloren! Wir hatten bisher folgenden Weg eingeschlagen (vgl. auch 1.1, S.3):

- es wurden die wirkenden Belastungen bestimmt, die sich aus der Aufgabenstellung ergaben
- es wurde ein Grobentwurf für die Welle gemacht

Nun muß die konstruktive Gestaltung so erfolgen, daß die Welle gefertigt werden kann. Das bedeutet, nach dem – nun genaueren – Entwurf werden die gefährdeten Querschnitte nachgerechnet. Reicht die Sicherheit nicht aus, muß der Entwurf wieder geändert werden, bis der Spannungsnachweis klappt. Die Berechnung ist erst beendet, wenn auch die Nachweise für die Formänderung und die Kontrolle der kritischen Drehzahl erfolgt sind. Auch hier könnten nochmals konstruktive Änderungen erforderlich werden, bevor die Arbeit abgeschlossen werden kann.

10.1 Gestaltung der Welle II

Bekannte Werte: Wälzlager 6210
Zahnradbefestigung für z_2 mit Paßfeder DIN 6885 A 20x12x56 auf Welle ⌀ 71 mm
Ritzel z_3 wird aufgeschrumpft auf Welle ⌀ 50 mm
Zahnbreiten $b_2 = 62,5$ mm $b_3 = 100$ mm

In den vorhergehenden Ausführungen wurden immer wieder Hinweise zur Gestaltung von Wellen gegeben.

⇨ *Aufgabe 10-1*

Informieren Sie sich über Gesichtspunkte, die bei der Gestaltung von Achsen und Wellen zu beachten sind!

vgl. [3], S.311

⇨ *Aufgabe 10-2*

Skizzieren Sie die Welle II, wie Sie diese ausführen würden!
Hinweis: *Hier kann das Ergebnis bei jedem anders aussehen, ohne daß der Vorschlag falsch ist.*

Es sollen noch einmal einige Aspekte, die bei dem Entwurf der Welle zu beachten sind, erörtert werden.
Für die Zahnradbefestigung z_2 sollte eine Paßfeder gewählt werden. Das Ritzel z_3 sollte aufgeschrumpft werden. Vom Fertigungsaufwand her ist das sicher nicht günstig. Wie schon vorher rechnerisch aufgezeigt wurde (vgl. 8.4, S.65), ist es nicht möglich, die beiden Zahnräder mit Paßfedern zu befestigen. Was spricht aber dagegen, beide Zahnräder aufzuschrumpfen?

10.1 Gestaltung der Welle II

Wenn Sie den Entwurf nach Aufgabe 10.2 gemacht haben, stellen Sie fest, daß für den Wellendurchmesser an der Stelle 3 50 mm vorgesehen sind (vgl. 8.4, S. 65). Würde das Zahnrad 2 auch aufgeschrumpft, wäre ein Wellendurchmesser nach 6.2.3, S.47 von 50 mm notwendig. An dieser Stelle ist aber noch nicht, wie in 8.4, S. 65, mit kleineren Korrekturfaktoren gerechnet worden. Für das Wälzlager war ein Zapfendurchmesser von ebenfalls 50 mm geplant. Es ergibt sich die Frage: Wie soll der Innenring des Lagers festgestellt werden? Wenn Sie eine Nut in der Welle vorsehen, schwächen Sie die Welle. Das ist ungünstig, jedoch in diesem Wellenbereich bedeutungslos. Wählen Sie für die Stelle 2 einen größeren Durchmesser, dann stimmt die Berechnung für die Schrumpfverbindung nicht und die Welle würde größer als notwendig. Es könnte jedoch kontrolliert werden, ob für das Wälzlager ein Zapfendurchmesser von 40 mm möglich ist. Das Lager könnte dann kleiner werden. Die Breite ändert sich nur geringfügig. Wird mit den Angaben wie unter Kaptiel 7, S.50 gerechnet, dann ist es auch möglich, ein Rillenkugellager **6308** auszuwählen: d = 40 mm, D = 90 mm, B = 23 mm, r_{1s} = 1,5 mm (vgl. [2], S.115, TB 14-1).

⇨ *Aufgabe 10-3*
Kontrollieren Sie, ob das Lager von Ihnen auch so ausgewählt würde!
Hinweis: *Da beide Lager der Welle gleich ausgeführt werden sollen, ist mit der ungünstigsten Belastung zu rechnen! Für die Kontrolle wird die Belastung aus Kapitel 7 angenommen*

Beachten Sie: Sie werden feststellen, daß die angegebenen Werte für die dynamischen und statischen Tragzahlen in den verschiedenen Unterlagen bzw. Katalogen – auch in Abhängigkeit von den Herstellern - voneinander abweichen. Hier werden die Angaben nach [2], S.118 verwendet.

Dieses gewählte Lager hätte den Vorteil, daß der Innenring des Wälzlagers an der Wellenschulter abgestützt werden könnte. Allerdings ist zu kontrollieren, ob die Durchmesserdifferenz dazu ausreicht. Als Faustregel gilt, daß der Durchmesser der Wellenschulter (hier 50 mm) ungefähr dem Außendurchmesser des Wälzlager-Innenringes entsprechen sollte (nach Wälzlagerkatalog ≈ 56,1 mm). Nach DIN 5418 (vgl. [2], S. 124, TB 14-9) ist eine bestimmte Schulterhöhe *h* einzuhalten, wenn der Freistich Form F vorgesehen wird.

⇨ *Aufgabe 10-4*
Kontrollieren Sie, ob diese Bedingung für den Freistich F erfüllt ist!

In der weiteren Betrachtung soll der Freistich E vorgesehen werden. Durch die Höhe der Wellenschulter wird auch festgelegt, wie erforderlichenfalls die Demontage des Wälzlagers möglich ist. Kann am Innenring eine Abziehvorrichtung angesetzt werden? Da wir eine relativ begrenzte Laufzeit für das Lager haben, soll dieser Aspekt hier nicht weiter betrachtet werden.
An beiden Lagerstellen wäre der Wellenübergang von 40 mm auf 50 mm gegeben. Bei abgesetzten Wellen soll das Durchmesserverhältnis den Wert 1,4 nicht überschreiten (vgl. [3]; S. 311).

⇨ *Aufgabe 10-5*
Wird damit das geforderte Verhältnis eingehalten?

Damit wäre die Variante – beide Räder aufzuschrumpfen – als Lösung bei einem Zapfendurchmesser von 40 mm sinnvoll. Die Welle könnte also mit den Lagern **6308** ausgeführt werden.

> **Beachten Sie:** Das bedeutet, daß die Auswahl für das Wälzlager unter Gliederungspunkt 7 verworfen wird! Das Wälzlager 6308 soll eingesetzt werden.

Eine Frage, die noch nie betrachtet wurde, wäre in diesem Zusammenhang von Interesse. Welches Lager wäre denn billiger? Der Listenpreis wird z.B. für das Lager 6308 mit 47,40 DM angegeben. Für das Lager 6210 werden 43,80 DM verlangt (Stand Jan. 1996).

⇨ *Aufgabe 10-6*
  Woran kann es liegen, daß das kleinere Lager teurer ist?

Es ergeben sich damit 2 grundsätzliche Möglichkeiten, die Welle II mit einem Wälzlager 6308 zu gestalten:

Vorschlag 1: Zahnrad 2 wird mit einer Paßfeder mit der Welle (⌀ 71 mm) verbunden; Zahnrad 3 wird aufgeschrumpft (auf Wellendurchmesser 50 mm)

Vorschlag 2: Zahnrad 2 + 3 werden aufgeschrumpft (Wellendurchmesser 50 mm)

zu Vorschlag 1:

Es soll zunächst der erste Lösungsvorschlag mit dem Wälzlager 6308 noch etwas genauer betrachtet werden. Hier stellen Sie fest, daß der Wellenübergang von 71 mm zum Lagerzapfen 40 mm (Wälzlager 6308) auf der linken Wellenseite zu groß ist. 71/40 > 1,4! Würde das Lager 6210 gewählt, wäre das Verhältnis gerade noch akzeptabel. Es ließe sich der Wellenübergang allmählicher (keglig) gestalten. Dann würde die Welle jedoch insgesamt länger, die Biegemomente und damit der erforderliche Wellendurchmesser größer (vgl. Aufgabe 5.3-2, S. 27).
Würden doch die Lager 6210 vorgesehen, dann beträgt der Durchmesser des Innenrings des Wälzlagers und der Wellenteil zum Schrumpfen 50 mm. Das Lager muß also in der Lage gesichert werden. Das kann eine Schwächung der Welle bedeuten. Außerdem müssen auf den Wellenabschnitten Paßmaße eingehalten werden, die sich nicht "widersprechen" dürfen. Sie können bei den vorgegebenen Paßmaßen die Verbindung aber nicht fügen. Hier wirkt sich ungünstig aus, daß die Schrumpfverbindung mit dem System Einheitswelle berechnet wurde. Wäre die Berechnung auf der Grundlage Einheitsbohrung geführt worden, wäre das Fügen für das Paßmaß **j6** des Lagerzapfens möglich gewesen.

⇨ *Aufgabe 10-7*
  Kontrollieren Sie diese Aussagen!

Unter anderem führen die genannten Gründe dazu, daß Vorschlag 1 so nicht genommen werden kann. Damit soll der zweite Vorschlag auf seine Ausführungsmöglichkeiten betrachtet werden.

zu Vorschlag 2:

Beim Lager 6308 liegen die Zapfendurchmesser bei 40 mm. Die Welle hat 50 mm Durchmesser zum Schrumpfen (h6 für die Stelle 2 - vgl. 8.3, S. 60). Der Nachweis für die Stelle 3 der Welle II muß erst noch geführt werden. Die Frage ist, ob das Zahnrad 3 als Schrumpfverbindung das Drehmoment übertragen kann!

10.1 Gestaltung der Welle II

 Aufgabe 10-8
Berechnen Sie die erforderliche Passung für eine Schrumpfverbindung an der Stelle 3 der Welle II!

Die Rechnung zeigt, daß auch an der Stelle 3 der Welle II eine Passung h6/U7 zur Nabenbefestigung ausreicht.

Im Gliederungspunkt 6 wurden die Abstände l_1, l_2 und l_3 noch geschätzt. Jetzt kennen Sie die Breite der vorgesehenen Lager und die Breite der Zahnräder b_2 und b_3, so daß die Abstände l_1', l_2' und l_3' an Hand Ihrer Zeichnung genauer vorgegeben werden können. Berücksichtigt werden sollte, daß die Ritzelbreite b_3 etwas größer gewählt wird als die des Großrades b_4. Damit werden Ungenauigkeiten beim Einbau und "Versetzungen" vermieden.

Um ein leichteres Fügen der Zahnräder zu ermöglichen, könnte ein Stellring nach DIN 705 als Anschlag zwischen den beiden Zahnrädern auf der Welle vorgesehen werden: nach Anlage 5 **Stellring DIN 705 - A50.** Der Abstand zwischen den Lagern wird dadurch 18 mm größer. Das ist wieder ungünstig. Außerdem beträgt der Außendurchmesser des Stellringes 80 mm. Das ist im Vergleich zu dem Ritzel 3 auf der Welle zu groß. Aus diesem Grunde wird der genormte Stellring hier nicht verwendet. Es wird ein Ring mit einer Breite von 5 mm auf die Welle geklebt. Ein rechnerischer Nachweis für diese Verbindung wird nicht geführt, da der Ring nur zur Lagefixierung dienen soll und die evtl. axial auftretenden Kräfte vernachlässigt werden können. Der Abstand zwischen den Lagern vergrößert sich damit nur um 5 mm. Wenn die Zahnräder aufgeschrumpft werden, läßt sich diese Verbindung nicht mehr lösen. Das ist ein Nachteil! Damit ist aber das Kleben des Ringes hier auch gerechtfertigt. Natürlich kann statt des Ringes für die Welle ein Bund von 5 mm Breite vorgesehen werden. Das bedeutet aber mehr Zerspanarbeit!

Im Gliederungspunkt 7 wurde festgelegt, daß für den Lagersitz das Paßmaß j6 auf der Welle vorgesehen ist.

Die Länge der Welle weicht in den einzelnen Bereichen vom Sollmaß ab (Toleranz), so daß die Ungenauigkeiten der Fertigung und die Wärmedehnung durch eine Federscheibe am Lager ausgeglichen werden kann (vgl. Bild 10-1). Für das Rillenkugellager 6308 kann eine gewellte Federscheibe gewählt werden. Der erforderliche Raum (hier 2mm) für die Federscheibe muß beim Entwurf der Welle mit beachtet werden.

An dieser Stelle sei auch darauf hingewiesen, daß die Bohrung im Lagergehäuse "rund" sein muß (Rundheitsabweichung < ½ IT5), um Verformungen des Außenringes zu vermeiden. Sonst kommt es zu zusätzlichen Lagergeräuschen und erhöhtem Lagerverschleiß.

Außerdem ist der Abstand Gehäuse – Lagerinnenring zu beachten. Daher muß ein Wert etwas größer als 1 mm gewählt werden, damit der Ring des Wälzlagers nicht am Gehäuse schleift.

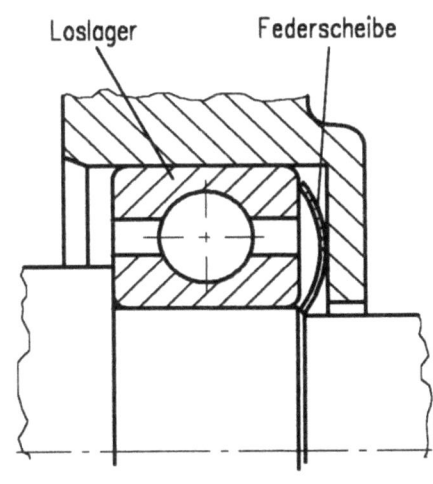

Bild 10-1

Die genaue Gestaltung des Zapfens der Welle ist erst möglich, wenn die Form des Getriebesgehäuses bekannt ist. Das Problem soll hier offen bleiben.

Die Lager 6308 sollen direkt an die Wellenschulter gesetzt werden. Das bedeutet, daß der Übergang besonders ausgeführt werden muß. Diese Freistiche sind genormt nach DIN 509 (vgl. [2], S.99, TB 11-4 und [3]; S. 311) und sollen hier angewendet werden. Die Welle soll nur an einer Fläche bearbeitet werden. Es ist deshalb Form E zu wählen: **Freistich DIN 509 - E0,6 x 0,3** (vgl. auch Überlegungen von Seite 69). Um eine Anlagefläche für den Innenring des Wälzlagers zu erhalten, die groß genug ist, wird auf eine Fase am Durchmesserübergang der Welle verzichtet. Trotzdem ist die Forderung h_{min} = 4,5 mm nicht erfüllt (vgl. [2], S.115, TB 14-1). Aufgrund der geringen Axialkräfte wird dieses Problem nicht weiter beachtet.

⇨ *Aufgabe 10-9*

Bearbeiten Sie Ihren Entwurf nach Aufgabe 10-2 noch einmal nach den gerade angestellten Überlegungen!

Ein Vorschlag für die Gestaltung der Welle könnte aussehen, wie er in der Lösung zu Aufgabe 10-9 angegeben ist. Mit diesem Entwurf erhält man die folgenden Daten (gerundet):

$$l_1' = 43 \text{ mm} \qquad l_2' = 92 \text{ mm} \qquad l_3' = 67 \text{ mm}$$

Diese Werte weichen relativ wenig ab von den Annahmen unter 6.1.3, S.40. Damit können analog zu der dort durchgeführten Rechnung die Auflagerkräfte nun genauer bestimmt werden. Die Überlegungen, die unter 8.5, S. 64 zur Verminderung der Lastannahmen angestellt wurden, sollen jetzt nicht berücksichtigt werden.

⇨ *Aufgabe 10-10*

Berechnen Sie die Auflagerkräfte F_a und F_b mit Ihren Entwurfswerten oder mit den hier gemachten Vorgaben!

Die Auflagerkräfte werden benötigt zur genaueren Bestimmung bzw. der Kontrolle der ausgewählten Wälzlager und der Vergleichsmomente, die unter Gliederungspunkt 6 und 7 im Vorentwurf bestimmt wurden. Zunächst lassen sich die Momente in Vertikal- und in Horizontalebene bestimmen. Daraus folgen die Vergleichsmomente.

⇨ *Aufgabe 10-11*

Bestimmen Sie das Vergleichsmoment an der markierten Stelle 4 des Lösungsvorschlags selbständig!

Um die Ergebnisse weiter vergleichbar zu machen, rechnen Sie – unabhängig von Ihrem Entwurf und Ihren Ergebnissen – mit den Werten nach Lösung von Aufgabe 10-11 weiter. Damit können Sie den Nachweis gegen Dauerbruch neu führen.

Beachten Sie: Es kann nicht sofort erkannt werden, wo die gefährdete Stelle der Welle ist. Es müssen also mehrere Stellen nachgerechnet werden.

Die Stellen 2 und 3 der Welle II sollen nachgerechnet werden. Sie werden feststellen, daß sich der Rechenweg ständig wiederholt. Diese Gleichartigkeit soll Ihnen an Hand der folgenden Tabelle noch klarer werden.

10.1 Gestaltung der Welle II

⇨ *Aufgabe 10-12*
Nun ist zu überlegen, wo noch eine gefährdete Stelle sein könnte.
Markieren Sie in Ihrem Entwurf diese Stellen!
Führen Sie für diese Stellen die Kontrolle durch und tragen Sie Ihre Ergebnisse in die folgende Tabelle ein!

Stelle	Dreh-moment	Biege-moment	Vergleichs-moment	Wider-stands-moment	σ_{vorh}	β_k	σ_{zul}
2							
3							

Für die markierte Stelle 4 der Lösung der Aufgabe 10-9 wird der Rechengang hier nochmals durchgeführt. Für die weiteren Stellen kann der Weg analog dazu gegangen werden.

$v_D = \sigma_G / \sigma_{vorh}$

$$\sigma_G = \frac{\sigma_D \cdot b_{1\sigma} \cdot b_2}{\beta_k}$$

vgl. [1], S.11,12, Gl.-Nr. 3.19,23+24
und 6.2.1, S. 44

$b_2 = k_g \cdot k_t \cdot k_\alpha = 0{,}875 \cdot 0{,}84 \cdot 1 = 0{,}735$

vgl. [1], S. 11, Gl.-Nr.3.18
[2], S. 45, TB 3-12

$\sigma_G = 240 \text{ N/mm}^2 \cdot 0{,}91 \cdot 0{,}735 = 160{,}5 \text{ Nmm}^{-2}$

$\sigma_{vorh4} = M_{V4}/W_4$

vgl. [1], S.61

$M_{V4} \approx 952 \text{ Nm}$

vgl. Aufgabe 10-11

$W_4 = (\pi \cdot d^3)/32 = (\pi \cdot 50^3)/32 = 12272 \text{ mm}^3$

vgl.[2], S. 98

$\sigma_{vorh4} \approx 77{,}6 \text{ Nmm}^{-2}$

$v_D = 160{,}5/77{,}6 = 2{,}07$

Dieser Sicherheitswert ist für dieses Beispiel zu akzeptieren (vgl. 8.5, S. 64 und [2], S.45, TB 3-13). In [3], S.326 wurde darauf hingewiesen, daß im Randbereich der Preßverbindung die Spannung besonders groß ist. Diese Spannungen können u.a. durch eine besondere Gestaltung

der Zahnräder vermindert werden (vgl. [3], S.326, Bild 12-10c). In diesem
Beispiel wurde an der Zahnradbohrung eine Fase vorgesehen, um den Fügevorgang zu erleichtern (vgl. 8.3, S.58). Auch das hilft, die Kantenpressung zu
vermindern. Weitere Möglichkeiten zeigt Bild 10 - 2.
Eine Oberflächenhärtung der Welle wirkt sich auch günstig auf die Spannung
aus, die in der Welle auftritt.
An dieser Rechnung erkennen Sie nochmals, daß der Vorschlag 1 (Ausführung
mit Paßfeder) am Durchmesserübergang 71 zu 50 mm nicht die notwendige
Sicherheit bringen würde. σ_G wird durch $\beta_K > 1$ deutlich kleiner, damit auch
die Sicherheit gegen Dauerbruch v_D.

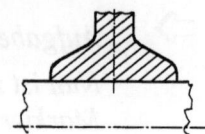
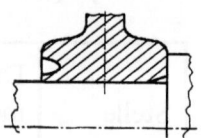

Bild 10-2

 Aufgabe 10-13
Führen Sie die Rechnung für die markierte Stelle 5 nach Aufgabe 10-9 durch!

Nach dieser langen "Rechnerei" und den unterschiedlichsten Überlegungen ist es verständlich,
wenn Sie zum Ende kommen wollen. Wird angenommen, Ihre entworfene Welle entspricht allen
genannten Anforderungen, dann bedeutet das jedoch nicht, daß das Bauteil auch garantiert
funktionsfähig ist. Zwei Fragen sind noch zu klären:

- Bleibt bei ihrem Entwurf die Verformung (Verdrehung und Durchbiegung) der Welle in vertretbaren Grenzen?

- Kann es im Betrieb zu unerwünschten Schwingungen kommen?

10.2 Verformung der Welle

Bei langen Wellen (z.B. Zentralantrieb eines Brückenkranes) kann die Berechnung der Verfor-
mung durch Verdrehung erforderlich sein. Das ist in unserem Beispiel – Verdrehung der Welle
zwischen den Zahnrädern – ohne Bedeutung, da der Abstand zwischen den Zahnrädern der
Welle, wo ein Torsionsmoment auftritt, sehr kurz ist.
Für Grundfälle der Belastung läßt sich die Durchbiegung einer glatten Welle mit aufbereiteten
Gleichungen (vgl. [2], S. 100, TB 11-6)) formal bestimmen. In diesem Beispiel gibt es zwei
Probleme:
- es wirken 2 Kräfte gleichzeitig auf die Welle

- die Kräfte wirken in 2 Ebenen

Es kommt also zu einer Verformung in zwei rechtwinklig zueinander stehenden Ebenen. Die
Verformungen in x- und y-Richtung können zur resultierenden Verformung zusammengefaßt
werden. Die errechneten Durchbiegungen der Einzelkräfte können überlagert werden. Damit sind
auch die aufbereiteten Formeln nach [2], S. 100, TB 11-6 verwendbar.
Es soll hier lediglich die Stelle 3 der Welle II untersucht werden. Es wird als Vereinfachung nur
die Durchbiegung für eine bestimmte Stelle festgestellt. Ein anderes Problem ist, die maximale
Durchbiegung zu bestimmen. Darauf wird hier verzichtet!

10.2 Verformung der Welle

Vertikalebene

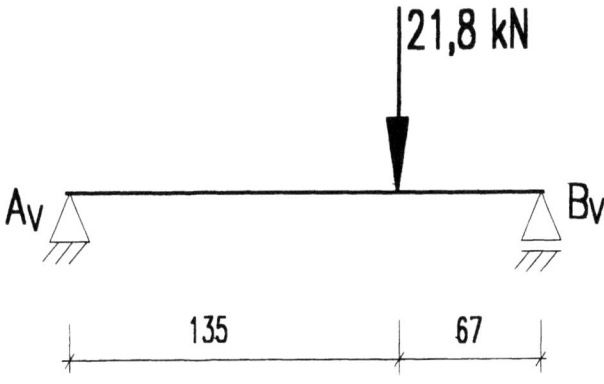

Nach [2], Seite 100, TB 11-6 vereinfacht sich die Formel, wenn die Drchbiegung für die Stelle 3 berechnet wird, zu

$$f'_{V3} = \frac{F\,a^2\,b^2}{3\,E\,I\,l}$$

⇨ *Aufgabe 10-14*
Kontrollieren Sie diese Vereinfachung!

$$f'_{H3} = \frac{21800\text{ N} \cdot 135^2 \text{ mm}^2 \cdot 67^2 \text{ mm}^2 \cdot \text{mm}^2}{3 \cdot 210000 \text{ N/mm}^2 \cdot 306796 \text{ mm}^4 \cdot 202 \text{ mm}} = 0{,}046 \text{ mm}$$

Nun bewirkt die Vertikalkomponente an der Stelle 2 auch eine Durchbiegung an der Stelle 3.

$$f''_{V3} = \frac{F \cdot a^2 \cdot b}{6 \cdot E\,I}\left[\left(1 + \frac{l}{a}\right)\frac{l-x}{l} - \frac{(l-x^3)}{a \cdot b \cdot l}\right] \qquad a \leq x \leq l: \qquad [2],\,S.100,\,TB\ 11\text{-}6$$

$$f''_{V3} = \frac{3300\,\text{N} \cdot 43^2\,\text{mm}^2 \cdot 159\,\text{mm}}{6 \cdot 210000\,\text{N}/\text{mm}^2 \cdot 306796\,\text{mm}^4} \left[\left(1 + \frac{202}{43}\right) \frac{202 - 135}{202} - \frac{(202-135)^3}{43 \cdot 159 \cdot 202} \right] = 0{,}004\,\text{mm}$$

Damit ergibt sich für die Durchbiegung an der Stelle 3 der Welle II in Vertikalrichtung
$f_{V3} = f'_{V3} + f''_{V3} \approx 0{,}046 + 0{,}004 = 0{,}05\,\text{mm}$

⇨ *Aufgabe 10-15*
Berechnen Sie die resultierende Durchbiegung der Welle II an der Stelle 3 in der Horizontalebene!

Damit erhält man für die Gesamtdurchbiegung an der Stelle 3:

$f_{res3} = (f_{V3}^2 + f_{H3}^2)^{1/2} = (0{,}05^2 + 0{,}028^2)^{1/2} = 0{,}057\,\text{mm}$ *vgl. [3]; S.305*

Zulässige Richtwerte für die Verformungen von Zahnradwellen unterhalb des Zahnrades werden in [2], S. 99 vorgegeben.

$f_{zul} = m_n/100 = 0{,}04\,\text{mm} < 0{,}057\,\text{mm}$

Unter dem Aspekt der Durchbiegung kann diese Welle so nicht ausgeführt werden. Es müßte noch einmal begonnen werden! Im allgemeinen Maschinenbau wird 1/3000 zugelassen. Hier soll auf eine weitere Berechnung verzichtet werden.
Sind Wellen abgesetzt, weisen also unterschiedliche Querschnitte über die Länge auf, so wird die Berechnung oder zeichnerische Bestimmung der Durchbiegung sehr aufwendig. Bei Interesse sollte das Thema nach der Fachliteratur aufgearbeitet werden (vgl. auch [3], S. 304).

10.3 Kritische Drehzahl

Jede Welle ist ein schwingungsfähiges Gebilde. Da auch sehr genau hergestellte Wellen Unwuchten aufweisen und es zu einer Durchbiegung – auch auf Grund des Eigengewichtes – kommt, werden bei Drehungen der Welle Schwingungen auftreten. Diese Schwingungen, die abhängig von der Federsteife und der Masse des Systems sind, können zu unruhigem Lauf, starken Geräuschen bis zur Zerstörung des Bauteils führen. Diese biegekritische Drehzahl läßt sich berechnen. Besonders bedeutungsvoll ist, wenn diese biegekritische Drehzahl unter der Betriebsdrehzahl liegt. Dann muß jeder Anlaufvorgang schnell über diese Drehzahl geführt werden, um Resonanz zu vermeiden. Liegt die biegekritische Drehzahl weit über der Betriebsdrehzahl, dann kann der Resonanzfall nicht auftreten.
Nach [3], S. 308 oder [1], S.63, Gl.-Nr. 11.30 läßt sich diese biegekritische Drehzahl rechnerisch bestimmen. Zwar ist die dazu erforderliche Durchbiegung unter 10.2, S.75 für eine bestimmte Stelle – nicht die maximale Durchbiegung! – errechnet worden. Um aber eine Größenvorstellung zu erhalten, kann auch mit diesem Wert gerechnet werden.

$n_{kb} \approx 946\,(1/f)^{1/2} = 946\,(1/0{,}057)^{1/2} = 3962\,\text{min}^{-1}$

10.3 Kritische Drehzahl

Am Ergebnis bestätigt sich, daß kurze und dicke Wellen eine hohe biegekritische Drehzahl aufweisen. Im Gegensatz dazu haben lange und dünne Achsen oder Wellen eine niedrige biegekritische Drehzahl.
Unter 3.1, S. 13 wurde für die Drehzahl der Welle II 83,3 min^{-1} berechnet. Es besteht hier also kein Problem, unter dem Aspekt der biegekritischen Drehzahl die Welle zu verwenden.
Aus Sicherheitsgründen ist man bemüht, die Betriebsdrehzahl um 30 % oberhalb oder unterhalb der rechnerisch kritischen Drehzahl zu halten.
Außerdem kann es durch periodisch wirkende Drehmomente zu Torsionsschwingungen kommen. Solche Drehmomentenschwankungen können z.B. bei Kolbenmaschinen oder Sägegatter auftreten. Das wäre evtl. auch durch den Füllvorgang der Becher des Becherwerkes denkbar.
Nach der Festigkeitsberechnung einer Welle muß sich also die Kontrolle der Durchbiegung und des Schwingungsverhaltens anschließen. Erst dann ist der funktionsgerechte Einsatz abgesichert. Allerdings sollte berücksichtigt werden, daß die Welle nicht isoliert im Einsatz ist, sondern Teil eines "Systems" ist (hier Teil eines Getriebes eines Becherwerkes; bereits die nächste Welle, die folgenden Zahnräder oder ein anderes Getriebegehäuse – Guß oder geschweißte Konstruktion – werden das Schwingungsverhalten beeinflussen). Das Resonanzverhalten müßte eigentlich für das gesamte System untersucht werden. Das ist jedoch ein Aufgabenbereich der Maschinendynamik und erfordert sehr spezielle Kenntnisse. Es werden z.T. die kritischen Dehrzahlbereiche im Versuch festgestellt, wenn ein Baumuster vorliegt, um den Rechenaufwand zu vermeiden.
Um besonders bei schnellaufenden Wellen Unwuchten zu vermeiden, sollen Nuten, Bohrungen u.ä. vor der Endbearbeitung der Oberflächen gefertigt werden. Dadurch werden Druckstellen und Verformungen beim Spannen vermieden, die sich nachteilig auf den Rundlauf auswirken. Sollten Unwuchten auftreten, dann können sie durch entsprechende Maßnahmen vermindert werden:

– negatives Wuchten
 (an der Stelle der Unwucht wird Masse entfernt – aufbohren, abfräsen)

– positives Wuchten
 (es wird an der Gegenseite des Masseüberschusses zusätzlich Masse angebracht)

11 Fertigungsdaten der Welle II

Ihnen liegt nun eine Zeichnung vor (vgl. Lösung zur Aufgabe 10-9), nach der die Welle gefertigt werden könnte. Vom Zuschnitt wird ein Stück Rundmaterial mit dem Durchmesser 60 mm und der Länge 250 mm geliefert. Es soll unter diesem Gliederungspunkt geprüft werden, welche Motorleistung an der Werkzeugmaschine etwa vorhanden sein muß, um den Rohling überdrehen zu können. Da beim Schruppen die größte Leistung erforderlich ist, wird nur dieser Arbeitsgang betrachtet. Da das Getriebe des Becherwerkes nur einmal gefertigt wird, muß die Welle in Einzelfertigung erstellt werden. Würden größere Stückzahlen vorliegen, dann sollte die Bearbeitung auf einer CNC-Maschine erfolgen. Auf das entsprechende Programm, das dann erstellt werden müßte, sei hier nur verwiesen. Die Motorleistung der Werkzeugmaschine ist im wesentlichen abhängig von der Schnittkraft und der Schnittgeschwindigkeit.

Bekannte Werte: Welle aus St 50
Durchmesser des gelieferten Rohlings 60 mm
erforderlicher Durchmesser nach dem Schruppen 52 mm
Antriebswirkungsgrad $\eta_w = 0{,}72$
es wird mit Hartmetall P20 gearbeitet

11.1 Schnittkraftberechnung

Die Beziehung für die Schnittkraft F_C läßt sich über die Bearbeitungsart ableiten. Der Drehmeißel "schert" den Span vom Rohling ab. Aus $\tau = F/A$ folgt $F = \tau \cdot A$. Für τ wird in der Fertigungstechnik die spezifische Schnittkraft k_C gesetzt. Da jeder Zerspanungsvorgang seine Besonderheiten aufweist, die Spannung sich auch in Abhängigkeit von der Größe der Fläche ändert, wurde durch Versuche die spezifische Bezugsschnittkraft $k_{C1.1}$ für einen Quadratmillimeter (1mm · 1mm) für die verschiedensten Werkstoffe ermittelt. So ergibt sich für die spezifische Schnittkraft:

$$k_C = k_{C1.1} \cdot \left(\frac{1 \text{ mm}}{h}\right)^{m_C} \cdot K$$

vgl. [10], S. 175

$k_{c1.1}$ und m_c (Schnittkraftexponent) können der Anlage 2 entnommen werden. Beim Vergleich in verschiedenen Fachbüchern werden Sie feststellen, daß diese Werte recht unterschiedlich angegeben werden. Das hängt von sehr vielen Einzelfaktoren ab, auf die hier jedoch nicht eingegangen werden soll. Auch ist es sicher sinnvoller, den Korrekturfaktor K, der sich schon während der Bearbeitung ändert (Schnittgeschwindigkeitseinfluß, Schneidenverschleißzustand), erst bei der Schnittkraftberechnung zu berücksichtigen.
Die Schnittkraft kann somit nach folgender Gleichung bestimmt werden:

$$F_C = A \cdot k_C \cdot K$$

11.1 Schnittkraftberechnung

In dem **Korrekturfaktor K** werden die Einflüsse von Schnittgeschwindigkeit, Spanwinkel, Abnutzungsgrad der Werkzeuge, Schneidwerkstoff u.a. berücksichtigt, die von den Versuchsbedingungen abweichen. In der weiteren Rechnung wird für K als Produkt der Einzelgrößen ohne rechnerischen Nachweis 1,3 angenommen (vgl. [10], S.175).

Der **Spanquerschnitt A** entspricht beim Drehen der Fläche eines Parallelogramms, im Sonderfall einer Rechteckfläche $A = a_p \cdot f$.

Die **Zustellung a_p** ist beim ersten Schnitt – beim Schruppen – am größten. Es wird angenommen, daß der Wellenrohling mit einem Durchmesser von 60 mm geliefert und zunächst auf einen Durchmesser von 52 mm abgedreht wird.

⇨ *Aufgabe 11-1*
Fertigen Sie eine Skizze für das Längsdrehen an und tragen Sie die Größen a_p, f, b, und h ein!

⇨ *Aufgabe 11-2*
Berechnen Sie mit den obigen Werten die erforderliche Zustellung a_p!

⇨ *Aufgabe 11-3*
Erläutern Sie die Bedeutung des Einstellwinkels κ und zeichnen Sie ihn in die entsprechende Skizze für das Längsdrehen der Lösung von Aufgabe 11.1 ein!
Unter welchen Bedingungen kann ein kleiner Einstellwinkel gewählt werden?
Wie groß ist der Einstellwinkel bei einem genormten, zweischneidigen Wendelbohrer?

Für den Vorschub wird üblicherweise ein Verhältnis von a_p/f von 4....8..10 angestrebt. Das wirtschaftliche Spanverhältnis ist u.a. auch abhängig vom Schneidstoff (vgl. [9],10-3). Da hier die Oberflächengüte noch nicht von Bedeutung ist, wird für $a_p/f = 8 : 1$ gewählt. Damit würde sich für $f = 0,5$ mm ergeben und somit für die Spanfläche $A = 2$ mm². Nach [9], 10-8 wird als optimaler Bearbeitungswert für die gegebenen Randbedingungen für $f = 0,63$ mm vorgegeben (bei $a_p = 4$ mm und P20). Zu Übungszwecken wird jedoch hier – ziemlich willkürlich – nur mit einem Vorschub von $f = 0,4$ mm gerechnet. Das ist bei Einzelfertigung möglich. Als vorhandene Schnittfläche folgt damit $A = 1,6$ mm².

In der weiteren Rechnung wird die **Spandicke h** benötigt. Sie soll hier gleich mitbestimmt werden. Es gilt für einschneidige Werkzeuge: $h = f \cdot \sin\kappa$. *vgl. [10], S. 175*
Es wird mit einem Einstellwinkel von $\kappa = 45°$ gearbeitet.
Damit ergibt sich für die Spandicke $h = 0,4$ mm $\cdot \sin 45° = 0,283$ mm.
Für die spezifische Schnittkraft k_C muß $k_{C1.1}$ nach Anlage 2 bestimmt werden. Damit folgt

$$k_C = 1500 \, \text{Nmm}^{-2} \cdot \left(\frac{1 \, \text{mm}}{0,283 \, \text{mm}}\right)^{0,29} = 2163 \, \text{Nmm}^{-2}$$

vgl. [10], S. 175

Ein Vergleich mit [9], 2-44 zeigt, daß die angegebenen Werte ebenfalls in dieser Größenordnung liegen.
Nun stehen alle Werte zur Verfügung, um die Schnittkraft F_C zu bestimmen.

$$F_C = 1,6 \, \text{mm}^2 \cdot 2163 \, \text{Nmm}^{-2} \cdot 1,3 \approx 4500 \, \text{N}$$

11.2 Erforderliche Motorleistung der Werkzeugmaschine

Motorleistung $P_{mot} = P_C / \eta = (F_C \cdot v_C)/\eta$ vgl. [9], 1-33 oder [10], S.176

Der Wirkungsgrad der Werkzeugmaschine wird geschätzt mit $\eta_w = 0{,}72$. Er könnte auch sinngemäß bestimmt werden, wie es unter 3.2.8, S.16 erfolgte.
Die Schnittgeschwindigkeit v_C wird der Anlage 4 entnommen. Für St 50-2, Schruppen mit Hartmetall P20 kann abgelesen werden: v_{Czul} zwischen 70 und 160 m/min. In manchen Veröffentlichungen werden bei Beachtung der Standzeit und des Vorschubs genauere Werte vorgegeben. Auch wird die Schnittgeschwindigkeit vermindert, wenn a_p bestimmte Werte überschreitet oder Gußteile mit harter Außenkruste überdreht werden müssen.

⇨ *Aufgabe 11-4*

Kontrollieren Sie den abgelesenen Wert nach Anlage 4!
Was passiert, wenn die Welle mit einer höheren Schnittgeschwindigkeit überdreht wird?

Hier ergibt sich allerdings die Frage, ob die Schnittgeschwindigkeit auch auf der Drehmaschine eingestellt werden kann. Es soll angenommen werden, daß es eine WZM ist, an der die Drehzahlen nur in Stufen festgelegt werden können. Wird die Drehzahlreihe R 10 nach [2], S. 18, TB 1-14 angenommen, dann muß aus v_C bei Beachtung des Durchmessers, der überdreht werden soll, die erforderliche Drehzahl bestimmt werden. Aus $v = \pi \cdot d \cdot n$ folgt $n = v / (\pi \cdot d) = 796$ min^{-1}. Nach R10 (vgl. [2], S. 18, TB 1-14) wird gewählt $n_{gew} = 800$ min^{-1}. Wäre die Drehzahlabweichung zum Tabellenwert größer gewesen, dann hätte die kleinere Drehzahl gewählt werden müssen, um die Standzeit zu garantieren. Daraus folgt für $v_{cvorh} = 150{,}8$ m/min.

⇨ *Aufgabe 11-5*

Kontrollieren Sie die angegebenen Werte!

Damit ist die erforderliche Schnittleistung bzw. die erforderliche Motorleistung P_{mot} bestimmbar

$P_{mot} = (F_C \cdot v_C)/\eta_w = (4500 \text{ N} \cdot 150{,}8 \text{ m/min})/0{,}72 = 15{,}7 \text{ kW}$

Nach [9], 10-8 wird für St 50 bei einem Vorschub von 0,63 mm und einer Schnittiefe von 4 mm eine Zerspanungsleistung von 13,7 kW angegeben. Wenn beachtet wird, daß mit einem Vorschub von 0,4 mm gerechnet wurde, liegt das Ergebnis bei Beachtung der Korrekturfaktoren und des Wirkungsgrades für die Motorleistung in einem möglichen Bereich.
Ein Vergleich mit der vorhandenen Werkzeugmaschine zeigt, daß die Leistung von der Maschine erbracht werden kann. Die Bearbeitung ist also in der Form möglich. Bei den weiteren Arbeitsgängen werden wesentlich geringere Spandicken auftreten, so daß eine weitere Kontrolle nicht mehr erforderlich ist. Wäre mit dem optimalen Vorschubwert gerechnet worden, dann wäre auch die erforderliche Leistung größer geworden.

⇨ *Aufgabe 11-6*

Berechnen Sie die erforderliche Motorleistung, wenn für den Vorschub statt 0,4 mm $f = 0{,}63$ mm angenommen würde!

11.3 Fertigungsablauf

In der industriellen Fertigung ist der Anteil der Zerspanung sehr groß. Dabei macht das Bohren und Drehen eine wesentlichen Anteil aus.

⇨ *Aufgabe 11-7*
Welche Gründe zwingen oft zur Zerspanung, wo doch andere Fertigungsverfahren (Urformen; Umformen) nennbare Vorteile aufweisen?

Der Konstrukteur trifft bereits wichtige Entscheidungen, die die Fertigung betreffen. Sie sehen bereits bei solch einer einfachen Welle die vielfältigen Probleme. Für eine Baugruppe sind die Entscheidungen noch wesentlich bedeutungsvoller. Es ist also klug, sich bei Fachkollegen aus dem Fertigungsbereich Informationen einzuholen.

Ist Ihnen aufgefallen, daß Sie bei Ihrem Entwurf für die Welle unter Aufgabe 10-2, S. 68 wahrscheinlich nur eine Ansicht gezeichnet haben? Das ist auf Grund der Symmetrie der Drehteile und einiger Sonderelemente der Bemaßung gut möglich. Sicher haben Sie auch die Welle in Fertigungslage – d.h. waagerechte Rotationsachse – dargestellt.
Die erstellte Zeichnung kann als "Fertigungsauftrag" angesehen werden. Das heißt, es muß die Darstellung der Welle
– eindeutig,
– die Bemaßung vollständig (dazu werden auch die Passungsangaben gezählt),
– die geforderte Oberflächenqualität erkennbar und
– die Werkstoffkennzeichnung richtig sein.
Es bedeutet Zeitverlust, wenn auf Grund von vergessenen Angaben erst vom Dreher Rückfragen erforderlich sind.
Die einzelnen hier angegebenen Arbeitsschritte sind eine Möglichkeit der Fertigung. Zu beachten ist, daß ein Zusammenhang zwischen der Bemaßung und Fertigung besteht.
Der Rohling ⌀ 60 mm x 250 mm wird geliefert. Gespannt wird zunächst in ein Dreibackenfutter. Die Endbearbeitung soll aber zwischen den Spitzen erfolgen!

⇨ *Aufgabe 11-8*
Legen Sie anhand Ihrer Zeichnung die erforderlichen Arbeitsschritte fest. Kontrollieren Sie sorgfältig, ob mit Ihren Angaben die Fertigung der Welle möglich ist!

12 Zusammenfassung

In dieser Aufgabe wurde der Versuch unternommen, eine Welle so zu gestalten, daß

- sie den auftretenden Spannungen standhält.
- die Formänderung der Welle in zulässigen Grenzen bleibt.
- es aus schwingungstechnischer Sicht keine Probleme gibt.
- die Fertigung der Welle gut möglich ist.

Dieses Ziel ist nur zu erreichen durch ein wechselseitiges Berechnen und Gestalten. Damit ist nicht gesagt, daß bereits eine gute Lösung vorliegt. Wiederholtes Nachrechnen kann zu besseren Ergebnissen führen. Allerdings ist zu beachten, daß der Aufwand in dieser Hinsicht nicht übertrieben wird. Es muß immer das Verhältnis "Aufwand - Nutzen" beachtet werden. In diesem Beispiel wurde die Betrachtung für eine Welle (Einzelfertigung!) durchgeführt. Wie wiederholt darauf hingewiesen wurde, sind die Entscheidungen bei Serien sorgfältiger zu treffen und ein größerer Aufwand für die Optimierung ist gerechtfertigt. Erinnert sei außerdem an die möglichen und erforderlichen betriebswirtschaftlichen Berechnungen..

Während der Berechnung der Welle II wurden u.a. die
- bis fast zum Schluß unbekannten Gewichtskräfte vernachlässigt.
- wirkenden Kräfte als Einzelkräfte angenommen, obwohl beim Zahnrad oder Lager die Belastung über eine Strecke auftritt (mit dieser Annahme waren wir auf der sicheren Seite!).
- versteifenden Wirkungen der Zahnräder auf die Durchbiegung außer Acht gelassen.
- Wirkungsgrade aus Übungsgründen kleinlich berücksichtigt.
- Betrachtungen und Dimensionierungen der Maschinenelemente, die auf die Geometrie der Welle Einfluß haben, nur so weit geführt, wie zur Gestaltung der Welle erforderlich war.

Im Rückblick können Sie feststellen, daß das Ergebnis der Aufgabe hätte ganz anders aussehen können, wenn z.B.
- ein anderes Schüttgut zu fördern gewesen wäre.
- die gewählten Übersetzungsverhältnisse anders angenommen worden wären.
- auf andere Werkstoffe zurückgegriffen worden wäre.
- der Modul geändert worden wäre.
- eine Ritzelwelle gestattet gewesen wäre.
- statt einer Einheitswelle für die Schrumpfverbindung von einer Einheitsbohrung ausgegangen wäre.

Sie können diese Aufzählung noch fortsetzen. Das Anliegen in dieser Aufgabe war, dem Leser aufzuzeigen, wie oft sich einzelne Rechenschritte bedingen, miteinander verknüpft sind. In kleineren Einzelaufgaben sind diese Zusammenhänge kaum zu erkennen. Das machte aber auch die Arbeit an diesem Komplexbeispiel schwieriger.
Welche Vereinfachungen gerechtfertigt sind, wie der praktische Sachverhalt auf ein abstraktes - mechanisch vertretbares - System reduziert wird, hat der Konstrukteur zu verantworten. Wie schwierig das z.T. ist, konnten Sie vielleicht an diesem Beispiel erkennen. Meist werden dem Lernenden diese Entscheidungen abgenommen. In den Aufgabenstellungen liegt bereits ein freigemachtes System vor. Damit werden immer wieder Schwierigkeiten aus dem Weg geräumt, vor denen man dann steht, wenn man eigenverantwortlich arbeiten muß. Zu wünschen ist Ihnen dann ein erfahrener Kollege an der Seite, der bereit ist, Ihnen selbstlos zu helfen. Sonst werden

12 Zusammenfassung

sie anfangs manchen Umweg gehen, der später vermieden werden kann. Diese Umwege sind aber besonders in der Lernphase wichtig. Die Erkenntnis, daß es so nicht geht, ist auch eine Erfahrung, die hilfreich sein kann.

Der "Teufel" steckt meist im Detail. Hat man einen größeren Überblick, dann kann es schwieriger sein, Entscheidungen zu fällen. Es werden mehr Probleme gesehen. Wer bei der Welle-Nabe-Verbindung nur die Paßfeder als konstruktive Lösung kennt, hat keine Schwierigkeiten mit der Auswahl. Umfassendes und solides Grundwissen ist also Voraussetzung für eine effektive Arbeit. Allerdings gibt es Probleme der Auswahl, wenn sich mehrere Lösungsvarianten anbieten. Zu drei Fragen sollen Sie sich in diesem Zusammenhang deshalb noch Gedanken machen:

⇨ *Aufgabe 12-1*
Nennen Sie Gründe, die zu einer konstruktiven Aufgabenstellung zwingen können!

⇨ *Aufgabe 12-2*
Welche Methoden gibt es, eine optimale Lösung für eine Konstruktionsaufgabe zu finden?

⇨ *Aufgabe 12-3*
Wie kann bei mehreren möglichen Lösungen die beste Variante gefunden werden?

An verschiedenen Stellen wurden Problemstellungen genannt, ohne sie weiter zu verfolgen. Auch Aufgabenstellungen wurden formuliert, die dann nicht weiter betrachtet wurden.
So können Sie z.B.
- die Wellen I und III nun selbständig nachrechnen und Entwürfe dafür machen. Da die Schwierigkeiten bei diesen Aufgaben geringer sind, wurden keine Lösungen angeboten.
- die Lagerauswahl für die Wellen I und III treffen (wäre ein Gleitlager in diesem Fall günstiger? Fertigung im Betrieb gut möglich!)
- die erforderliche Arbeitszeit für das Überdrehen der Welle berechnen.
- die Gestaltung des Riementriebes genauer vornehmen (Verbindung der Riemenscheiben mit den Wellen u.a.).
- die genauere Auswahl des optimalen elektrischen Antriebes treffen (Abwägung der verschiedenen Eigenschaften der E-Motoren; Anschlußmaße).
- Vorgaben für die Gestaltung des Getriebegehäuses treffen (hier wird, da Einzelfertigung, sicher eine Schweißkonstruktion günstiger sein).
- ein Programm für die Bearbeitung der Welle auf einer CNC-Maschine erstellen.

Auch diese Aufzählung ließe sich noch weiter fortsetzen. Sie würden auf alle noch notwendigen Aufgaben stoßen, wenn die Anlage von Ihnen für die Fertigung vorbereitet werden müßte.
Stellen Sie sich vor, Ihre betriebliche Aufgabe bestünde sogar darin, alle Teile für die Montage des Becherwerkes versandfertig vorzubereiten. Sicher stellen Sie fest, daß Sie noch eine ganze Menge lernen müssen. Aber verzagen Sie nicht! Alle haben mal bescheiden angefangen. Nur manche vergessen das zu schnell im Umgang mit Ihren Kollegen. Leider!

13 Ausblick

Der technische Fortschritt ermöglicht es heute, die verschiedensten Aufgabenstellungen der Industrie mit den Mitteln der Datenverarbeitung gut zu lösen. Technische Berechnungen, für die in den fünfziger Jahren 2 Mathematiker 1/4 Jahr benötigten, werden heute in wenigen Minuten vom Rechner erledigt. Auch die Lösungen in diesem Buch hätten mit einem Rechner und entsprechender Software schneller gefunden werden können. Es darf aber nicht vergessen werden, daß der Nutzer dieser Möglichkeiten wissen sollte, was gemacht wird. Das setzt voraus, daß beispielsweise erkannt werden muß,
– welche Bedeutung die geforderten Eingabewerte haben.
– wie sinnvoll Eingabewerte sind.
– wie brauchbar die gelieferten Ergebnisse sind.
– wie sich geänderte Randbedingungen, die nicht im Progamm berücksichtigt wurden, auf das Ergebnis auswirken.
– wie das Programm geändert werden muß, um es für spezielle Aufgabenstellungen nutzbar machen zu können usw.

Das setzt voraus, daß der Konstrukteur wissen muß,
– wie der Sachverhalt einzuordnen ist,
– auf welches "System" die Aufgabe reduziert werden kann,
– welche Vereinfachungen zulässig sind,
– wie sich geänderte Annahmen auf das Gesamtergebnis auswirken,
– ob man mit den Vorgaben mehr zur sicheren Seite gelangt,
– wie sich Änderungen auf das Ergebnis auswirken.

Bei komplexeren technischen Konstruktionsaufgaben – hier sollte nicht nur an ein Bauelement gedacht werden! – wirken verschiedene Programme bei der Lösung zusammen. Ist der rechnerische Entwurf abgeschlossen, dann können für die zeichnerische Darstellung ebenfalls die Möglichkeiten der Datenverarbeitung genutzt werden. Die Zeichnung muß gelesen werden können. Die Qualität der Konstruktion hängt auch hier vom Wissen des Konstrukteurs ab. Aber CAD ist nicht nur ein Austausch des Zeichenbrettes gegen einen Bildschirm. Durch entsprechende Verknüpfungen gibt es die verschiedentsten Möglichkeiten, die hier nur genannt werden sollen:
– Fertigung des Bauteils nach der erstellten Zeichnung (CAM)
– Maschinenbelegungsplanung (CAP)
– Computerunterstützte Qualtätskontrolle (CAQ)
– Informationen für den Einkauf, Lagerwirtschaft, Stücklisten (PPS) u.a.

Trotz des weiteren Fortschritts kann keinem Menschen, der sich um Weiterbildung bemüht – und das ist heute besonders notwendig, um einen sicheren und lukrativen Arbeitsplatz zu erhalten – die Lernarbeit zu einem bestimmten Fachgebiet abgenommen werden. Die Methoden werden besser, die Ergebnisse schneller verfügbar, aber der Lernaufwand bleibt. So ist es auch in Zukunft notwendig, sich Wissen anzueignen. Das ist oft mühselig, wie Sie bei der Berechnung und Gestaltung der Welle auch erkennen konnten.

14 Lösungen

A1-1
$$\sigma_{vorh} = \frac{F_{vorh}}{A_{vorh}} \qquad \sigma_{bvorh} = \frac{M_{bvorh}}{W_{vorh}}$$

$$A_{erf} = \frac{F_{vorh}}{\sigma_{zul}} \qquad W_{erf} = \frac{M_{bvorh}}{\sigma_{bzul}}$$

$$F_{zul} = A_{vorh} \cdot \sigma_{zul} \qquad M_{bzul} = W_{vorh} \cdot \sigma_{bzul}$$

A1-2 Die Stufung der Normzahlen erfolgt nach einer geometrischen Reihe.

$$q_n = \sqrt[n]{10} \qquad n = 5, 10, 20, 40$$

A2-1 Größe, trocken, feucht, flockig, abriebfest, verschleißend, brüchig, druckempfindlich, plastisch, nässend, klebrig, staubförmig, kleinstückig, gut fließend; z.B. fällt klebriger Lehm nicht aus dem Becher, würden gebrannte Kaffeebohnen durch den Fördervorgang bereits zerschlagen, könnte Mehl verwirbelt werden usw.

A2-2 Schneckenförderer, Schwingungsförderer, Becherwerke, Aufzüge, Strömungsförderer u.a.

A2-3 Besondere Aufnahme der Stückgüter erforderlich – Säcke, Ballen, Halbzeuge, Kisten, Gußteile, Behälter, Tierkörper, Kannen, Großbehälter u.v.a.m.

A2-4
$$P_{mot} = \frac{F_Q \cdot v_{Hub}}{\eta_{ges}}$$

A2-5 Bauformen (DIN 42950), Schutzarten (DIN 40050-1), Betriebsart, Wärmebeständigkeit, Isolierstoffklassen, Kühlung

A2-6 S1 – Dauerbetrieb
S2 – Kurzzeitbetrieb
S3 – Aussetzbetrieb
S4 – Aussetzbetrieb mit Einfluß des Anlaufvorgangs
S5 – Aussetzbetrieb mit elektrischer Bremsung
S6 – Ununterbrochener periodischer Betrieb mit Aussetzbelastung
S7 – Ununterbrochener periodischer Betrieb mit elektrischer Bremsung
S8 – Ununterbrochener periodischer Betrieb mit Drehzahländerung
S9 – Ununterbrochener Betrieb mit nichtperiodischer Last- und Drehzahländerung

A2-7 Angabe zu Berührungsschutz und Wasser
erste Ziffer 5 – Schutz gegen Staubablagerung
zweite Ziffer 4 – Schutz gegen Spritzwasser

A2-8 a – Synchronverhalten   – die Drehzahländerung ist Null
      b – Nebenschlußverhalten   – die Drehzahländerung ist kleiner als 10%
      c – Doppelschlußverhalten – die Drehzahländerung ist größer als 10% und kleiner als 25%
      d – Reihenschlußverhalten – die Drehzahländerung ist größer als 25 %

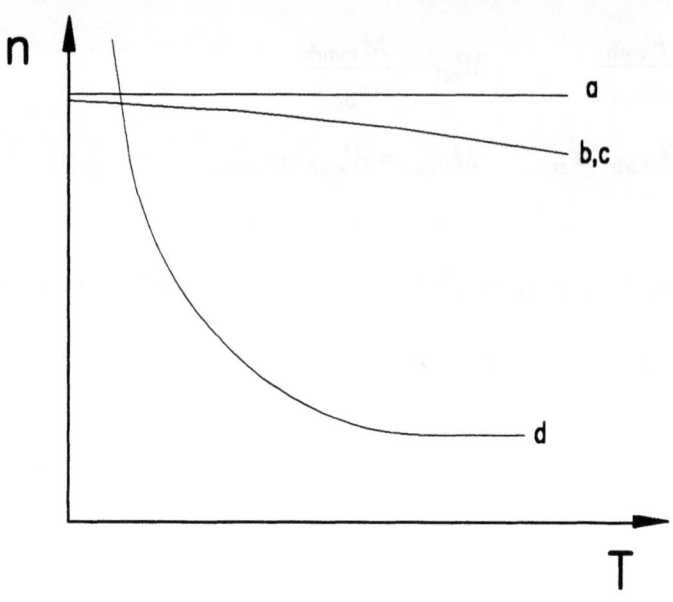

vgl. [3], S. 356; Bild 13-4

A2-9 Änderung der Frequenz, der Polpaarzahl, der Widerstände je nach Motorart – Gleichstrom-, Drehstrom-Motor

A2-10 Eine Auswahl könnte unter folgenden Möglichkeiten erfolgen:
Hülltriebe (Kette, Riemen, Seil)
Zahnradtriebe (geradverzahnte Zähne, Kegelrad-, Schnecken-, Planetengetriebe, Harmonic-Drive-Getriebe u.a.)

A2-11 **Kenngrößen des Antriebes:**
Antriebsart (elektrisch, hydraulisch, Verbrennungsmotor; Wind, Wasserkraft u.a.)
Leistungen, Drehzahlen, n-T-Verhalten

Kenngrößen der Arbeitsmaschine:
Drehzahl, Moment, Stöße, Schwingungen

Kupplungen zwischen Getriebe u. Antriebsmaschine bzw. Getriebe und Arbeitsmaschine

Besondere Randbedingungen:
Temperatur, Feuchtigkeit, Staub, Wärmeabfuhr, Schmierverhältnisse, Lage der Wellen zueinander, erforderliche Lebensdauer

A2-12 - Das Verhältnis von abgegebener zu zugeführter Leistung; es gilt immer $\eta < 1$!

$$\eta = \frac{P_b}{P_a} = \frac{\text{Abtriebsleistung}}{\text{Antriebsleistung}}$$

- $\eta_{Gleitl.} \approx 0{,}94...0{,}97$; $\eta_{Wälzl.} \approx 0{,}98...0{,}995$; $\eta_{Mot} \approx 0{,}7...0{,}85$;
  Wellendichtungen $\eta_D = 0{,}98$
- Reibungsverluste im Lager, Luftwiderstand;
  Planschverluste (Öl wird im Getriebe bewegt);
  Bewegungswiderstände (Riemenbiegung u.ä.);
  Reibung an den Zahnflanken, Widerstände in der Kupplung u.a.

vgl. [3], S. 557

A2-13 1 P bleibt konstant
       2 P wird kleiner
       3 T wird größer
       4 T wird insgesamt größer; durch η aber stufenweise geringfügig kleiner
       5 Umfangskraft ergibt sich in Abhängigkeit vom Drehmoment und dem Wirkdurch-messer
       6 Umfangsgeschwindigkeiten in Abhängigkeit von der Wellendrehzahl (i !) und der Wirkdurchmesser

A2-14

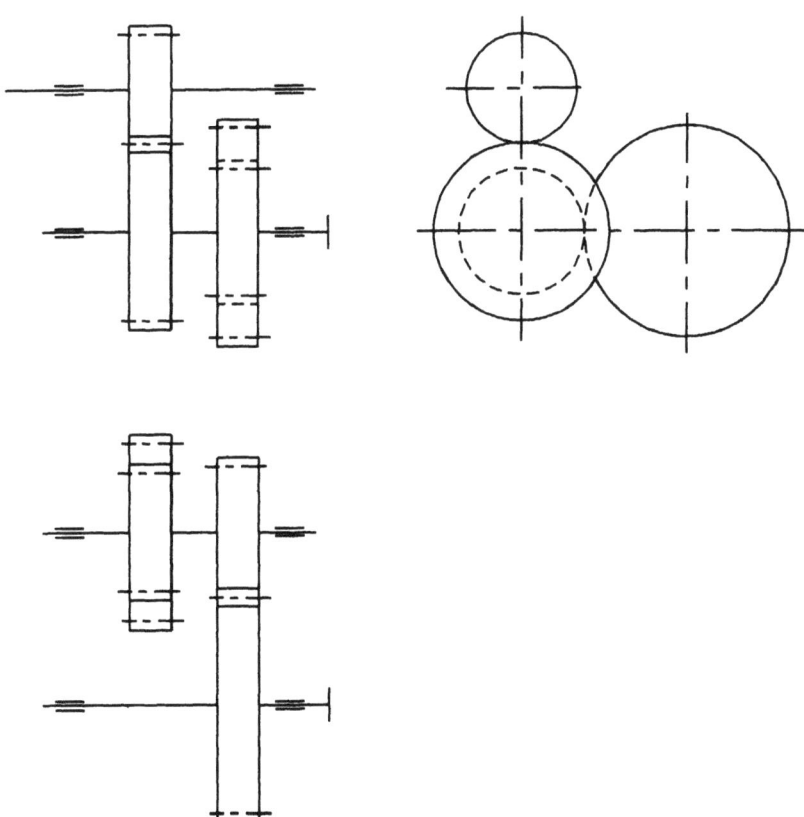

A2-15 Geradstirnräder:
- keine Axialbelastung ===> geringere Lagerbelastung
- besserer Wirkungsgrad
- breitere Zahnausführungen möglich ===> geringere Flankenpressung ===> geringerer Verschleiß
- geringere Laufruhe
- empfindlicher bei Fertigungsfehlern der Zahnräder

A3.1-1 i_{Rie} bis etwa 6; für Keilriemen bis 15

A3.1-2 $i_{ges} = i_{Rie} \cdot i_{1,2} \cdot i_{3,4}$ ====>

$i_{1,2} \cdot i_{3,4} = i_{ges} / i_{Rie} = 39/3 = 13$

A3.1-3 $i_{3,4} = 3{,}33$

A3.1-4 Größere Zähnezahlen ergeben ruhigeren Lauf, geringere Zahnfußfestigkeiten, höhere Bearbeitungskosten und Anforderungen an die Bearbeitungsgenauigkeit;
bei Zahnradpaaren dürfen keine Zähnezahlen mit einem gemeinsamen Teiler gewählt werden, damit alle Zähne "gemeinsam" zum Eingriff kommen.
$z_1 \approx 15...20$ bei Umfangsgeschwindigkeiten $v > 1$ m/s
$\approx 18...22$ bei Umfangsgeschwindigkeiten $v = 1...5$ m/s

vgl. [3], S.537

A3.1-5 $i_{1,2} = z_2/z_1$ ====> $z_2 = i_{1,2} \cdot z_1 = 3{,}9 \cdot 20 = 78$

$i_{3,4} = z_4/z_3$ ====> $z_4 = i_{3,4} \cdot z_3 = 3{,}33 \cdot 20 = 66{,}7$

gewählt: $z_4 = 67$ Zähne ====> $u_{3,4} = 67/20 = 3{,}35$

A3.1-6 $n_I = 975/3 = 325$ min^{-1}

$n_{II} = 975/(3 \cdot 3{,}9) = 83{,}3$ min^{-1}

$n_{III} = 975/(3 \cdot 3{,}9 \cdot 3{,}35) = 24{,}9$ min^{-1}

A3.2-1 $T_2' = (9550 \cdot 6 \cdot 1{,}4 \, \eta)/83{,}3 = 853$ Nm

mit $\eta = \eta_V \cdot \eta_{Rie} \cdot \eta_L^2 = 0{,}886$

A3.2-2 $T_3 = T_2' \cdot i_{3,4} \cdot \eta_V = 2800$ Nm

A3.2-3 für $\eta_L = 0{,}96$ folgt für $\eta_{ges} = 0{,}665$;

statt $T_{ab} = 2744$ Nm folgt $T_{ab} = 2145$ Nm

14 Lösungen

A3.2-5 Das hängt von der Aufgabenstellung ab; für die Dimensionierung der Abtriebswelle wird nur T_{max} benötigt; dieser Wert ist in einem Rechenschritt bestimmbar!

A3.2-6 $n_{min} \approx 140$ min^{-1}

$n_{max} \approx 206$ min^{-1} $\quad n_{ab} = n_{an} / i \Longrightarrow n_{max} = n_{mot} / i_{min}$

$$i_{min} = i_{1,2} \cdot i_{5,6} = 3{,}44$$

$T_{max} \approx 681$ Nm $\quad T_{max} = T_{mot} \cdot i_{max} = 134{,}5$ Nm $\cdot 5{,}06$

A3.3-1 Bei Normalbeanspruchung – davon wird im Beispiel ausgegangen – werden möglichst allgemeine Baustähle nach DIN 17 100 verwendet:
St 37 – St 60; billiger als legierte Stähle; leicht bearbeitbar; erfordern im allgemeinen keine Wärmebehandlung

vgl. [3], S. 291 und [5] ab S. 69

A3.3-2 Devise: nur so gut, so groß, so teuer wie nötig!
Müssen den auftretenden Belastungen standhalten;
bei geforderter Leichtbauweise oder Platzmangel Werkstoffe höherer Qualität verwenden;
besonders geforderte Verschleiß-, Korrosions-, Warmfestigkeit berücksichtigen;
möglichst geringer Fertigungsaufwand - gezogener Rundstahl;
bei besonderen Anforderungen geschmiedete, gepreßte, gegossene Halbzeuge;
Bearbeitbarkeit (spanen; schweißen) beachten;
geforderte Lebensdauer;
Schwingungsverhalten;
Biegewechselfestigkeit;
mit höherer Festigkeit steigt die Kerbempfindlichkeit - bei der Gestaltung von Bedeutung!
Fazit: richtige Werkstoffauswahl erfordert genaue Kenntnisse der Betriebsbeanspruchungen und der Werkstoffeigenschaften!

A3.3-3 erforderlicher Wellendurchmesser für die Welle I $d_{erf} = 34$ mm

A4-1 Riementrieb kraftschlüssig; Lage der Achsen parallel, evtl. kreuzend;
Leistungsbegrenzung durch zulässige Zugspannung des Zugmittels und Belastung der Lager gegeben;
Vorteile: geräuscharm, schwingungs- und stoßdämpfend; billig; einfache Anordnung; geringe Wartung; größere Achsabstände können gut überbrückt werden; geringer Platzbedarf
Nachteile: größere Baumaße erforderlich; größere Achsbelastung; Schlupf tritt bei Kraftübertragung auf; der Schlupf wird beeinflußt von der Umfangskraft, Vorspannung, Dehnung und Reibung; bleibende Dehnung; Einfluß von Staub, Öl, Feuchtigkeit, Temperatur auf die Wirkungsweise

A4-2

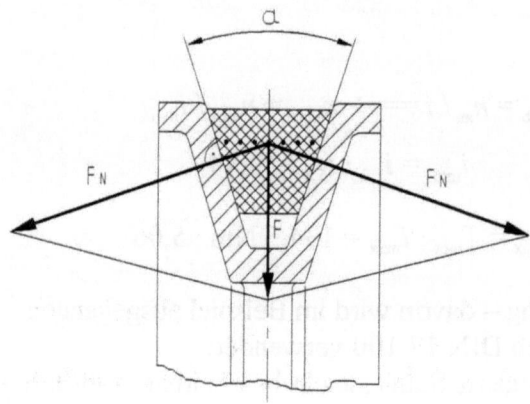

$$F_N = \frac{F}{2\sin\frac{\alpha}{2}} > F$$

A4-3

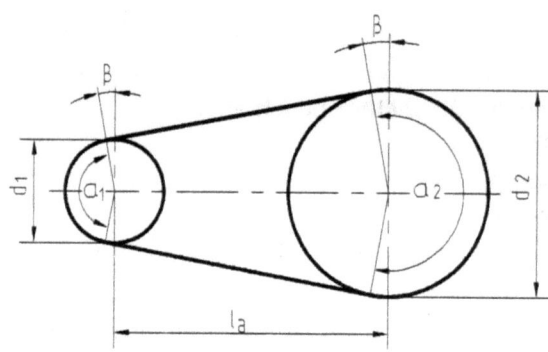

$$\beta = \arcsin\frac{d_2 - d_1}{2 \cdot l_a}$$

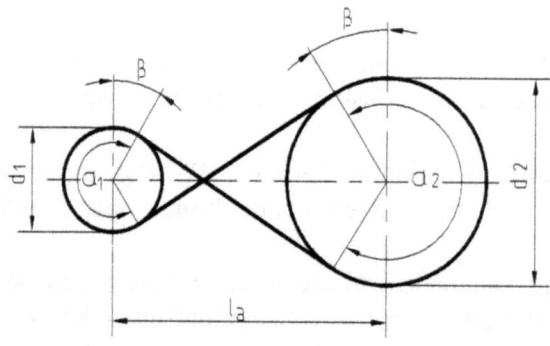

$$\beta = \arcsin\frac{d_2 + d_1}{2 \cdot l_a}$$

14 Lösungen

A4-4 Abstand $> d_{01}/2 + d_{02}/2 + d_{03}/2 +$ Motormaß über Wellenmitte, wenn angenommen wird, daß das Zahnradgetriebe in einem Gehäuse läuft!

A4-5 Die gefüllten Becher würden das Becherwerk auf Grund ihres Übergewichtes "zurückdrehen"; das könnte Beschädigungen der Becher hervorrufen. Bei Nothalt müßte das in Kauf genommen werden.

A4-6 Zuordnung

    S1   Eintaster (S)
    S2   Austaster (Ö)
    S3   Notaus   (Ö)
    A1   Antriebsmotor

    1: UE1
    2: SLM1
    3: UNE2
    4: ONE3
    5: RLM1
    6: UM1
    7: SLA1
    8: UNM1
    9: = T1
    10: UT1
    11: ONE3
    12: RLA1
    13: PE

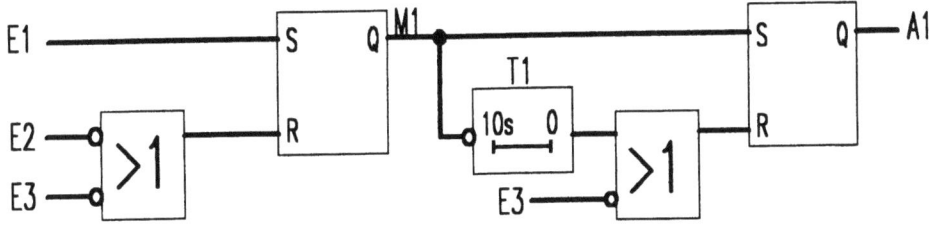

A4-7 475,3 mm

A5.1-1 Festigkeitseigenschaften
Kosten
Wärmebehandlungsmöglichkeiten
Verarbeitbarkeit
Geräuschverhalten u.a.   *vgl. auch [3], S.543 und [2], ab S.2, TB1-4*

A5.2-1 Biegung am Zahnfuß und Flächenpressung an den Zahnflanken
                                                                  vgl. auch [2], S.156,157, TB15-15 + 15-16

A5.2-2 $m = (2 \cdot 34)/20 = 3{,}4$

A5.2-3

$$m_{erf} \approx \sqrt[3]{\frac{4 \cdot 853 \text{ Nm}}{260 \text{ Nmm}^{-2} \cdot 20^2 \cdot 0{,}9}} = 3{,}3 \text{ mm}$$

$$m_{erf} \approx \frac{10}{20} \sqrt[3]{\frac{400 \text{ N}/\text{mm}^2 \cdot 853 \text{ Nm}}{0{,}9 \cdot (1000 \text{ Nmm}^2)^2} \cdot \frac{3{,}35+1}{3{,}35}} = 3{,}95 \text{ mm}$$

A5.2-4 Ein kleinerer Festigkeitswert ergibt einen größeren erforderlichen Modul.

A5.3-1

Zahnradpaar	$z_1; z_2$	$z_3; z_4$
erf. Modul auf Grund der Biegung	2,13	3,3
erf. Modul auf Grund der Flankenpressung	2,51	3,95
gewählter Modul	2,5	4,00

A5.3-2 Größere Lagerabstände ergeben bei derselben Belastung größere Momente und damit größere erforderliche Wellendurchmesser.

A5.4-1 $d_{a3} = 4(20+2) = 88$ mm $\qquad d_{b3} = 20 \cdot 4 \cdot \cos 20° = 75{,}2$ mm

$d_{a4} = 4(67+2) = 276$ mm $\qquad d_{b4} = 67 \cdot 4 \cdot \cos 20° = 251{,}8$ mm

A5.6-1 Wo soll das Zahnrad eingesetzt werden? - Anwendungsfaktor
Welche dynamischen Zusatzkäfte wirken? - Dynamikfaktor
Wie ist die Verteilung der Belastung auf der Zahnbreite? - Breitenfaktor
Wie groß soll die Lebensdauer sein? - Lebensdauerfaktor
Oberflächenbeschaffenheit, Bearbeitungsgenauigkeiten, Einlaufzustand, Verhältnis zum Prüfstück, Größen- und Schmierverhältnisse, Werkstoffeigenschaften, Starrheit der Wellen und Lagerung im Gehäuse u.a.

A5.6-3 Sie werden beim Spannungsnachweis des Zahnradpaares z_1,z_2 sicher schon gelegentlich andere Werte aus den Diagrammen entnommen haben. Diese Abweichungen werden auch beim Nachweis von z_3,z_4 auftreten. Sie bekommen hier also zur Orientierung lediglich einige Eckwerte genannt. In diesem Größenbereich sollten Sie bei der Lösung der Aufgabe liegen.
Als Eingangswerte wurden angenommen (vgl. andere Teilaufgaben!): geradverzahntes Stirnrad mit $m = 4$ mm, $u = 3,35$, $z_3 = 20$ Zähne, $d_3 = 80$ mm, $b_3 = 100$ mm, $T = 853$ Nm. Ansonsten werden die Randbedingungen wie unter 5.6.1 und 5.6.2 gewählt.
$\sigma_{F01} = 174,4$ N/mm²; $F_{By} = 21,4$ μm; $\sigma_{F1} = 348,8$ N/mm²
$\sigma_{H0} = 777$ N/mm²; $\sigma_H = 1212$ N/mm²
Die Spannungsnachweise klappen, so daß der Modul 4 auch gewählt werden kann.

A5.7-1 Durch den Überdeckungsgrad wird erfaßt, wie die Berührung der Zahnflanken von der ersten "Kontaktaufnahme" bis zum "Ausklinken" erfolgt. Um einen einwandfreien, ruhigen, gleichförmigen Lauf des Zahnradpaares zu ermöglichen, muß $\epsilon > 1,1$ sein.
Beeinflußt wird der Überdeckungsgrad u.a. durch das Zähnezahlverhältnis u, die Ritzelzähnezahl z_1, den Betriebseingriffswinkel α, den Modul m, den Schrägungswinkel β und der Profilverschiebung.

A5.7-2
$$\varepsilon_\alpha = \frac{0,5\left(\sqrt{88^2 - 75,2^2} + \sqrt{276^2 - 251,8^2}\right) - 174 \cdot \sin 20°}{\pi \cdot 4 \cdot \cos 20°} = 1,68$$

A6.1-1

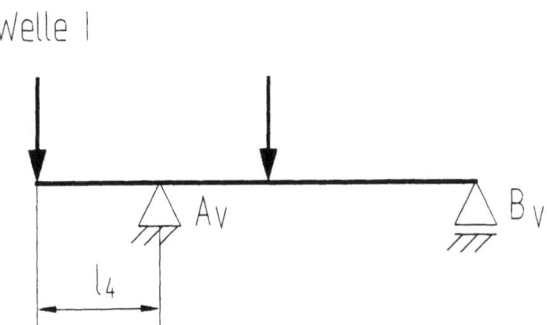

Die Wellenbelastung durch den Riementrieb muß für die Berechnung bekannt sein!

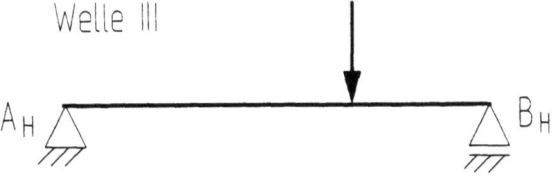

A6.1-2 Wird eine Streckenlast auf eine Einzellast reduziert, dann ruft die Einzellast eine größere Durchbiegung hervor. Das Biegemoment wird größer!

vgl. [4], S. 170

A6.1-3 $F_{t3,4} = 21{,}755$ kN $\qquad F_{r3,4} = 7{,}918$ kN

A6.1-4

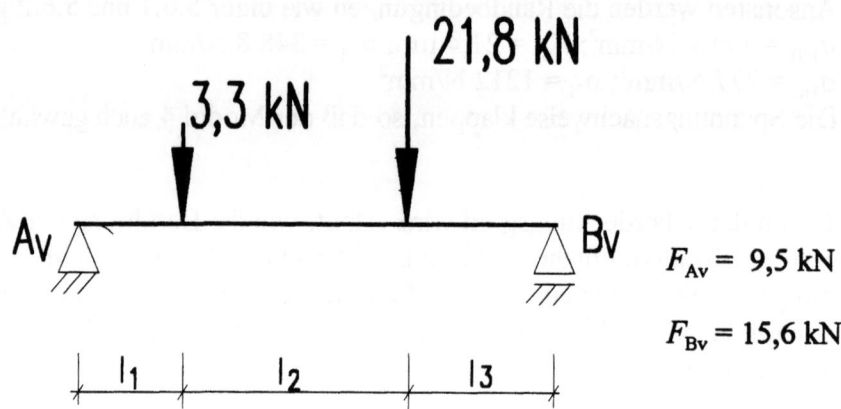

$F_{Av} = 9{,}5$ kN
$F_{Bv} = 15{,}6$ kN

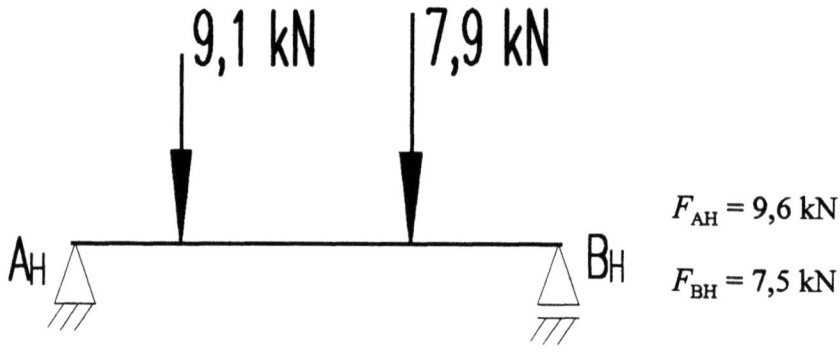

$F_{AH} = 9{,}6$ kN
$F_{BH} = 7{,}5$ kN

A6.1-5 $\qquad F_A = 13{,}5$ kN $\qquad F_B = 17{,}3$ kN

A6.1-6 Auf Grund der "räumlichen" Belastung würden die Auflagerkräfte Momente ergeben, die in verschiedenen Ebenen liegen. Dieser Vorschlag ist nicht richtig!

A6.1-7 $M_{bH2} = 478$ Nm $\qquad M_{bH3} = 523$ Nm

A6.1-8 $M_{V2} = 855$ Nm $\qquad M_{V3} = 1320$ Nm

A6.2-1 **Stoffschluß** liegt vor, wenn die Adhäsions- und/oder Kohäsionskräfte größer sind als die auftretenden Betriebskräfte.
Kraftschluß liegt vor, wenn die Reibungskräfte größer sind als die auftretenden Betriebskräfte.
Formschluß liegt vor, wenn die Kraft, die erforderlich ist, das Bauteil zu zerstören, größer ist als die auftretenden Betriebskräfte.

A6.2-2

	Klemm-verbindung	Flach- u. Hohl-Keile	Paßfeder	Quer-stift	Schrumpf-verbindg.	Keil-welle
Beanspruchung, die nach-gerechnet wird	p	p	p	τ, p	p	p
Schlußart	kraft-schl.	kraft-schl.	formschl.	formschl.	kraftschl.	formschl.
Auswirkungen auf den Wellen-querschnitt	keine	keine	Wellennut schwächt Quer-schnitt	Quer-bohrung schwächt Quer-schnitt	keine	
mögliche Wir-kung der Drehmomente	klein; radial ver-stellbar	klein; radial ver-stellbar	einseitig; als Gleit-feder längs ver-schiebbar	klein	groß	groß; längs ver-schiebbar
Anpreßkraft erzeugt durch	Schrau-be; Keil	Axial-kraft	zu übertrag. Drehmoment	zu übertrag. Dreh-moment	durch Schrumpf-kraft	zu übertr. Dreh-moment
Vor- u. Nach-teile; Be-merkungen	später zwischen den Lagern an-zubrin-gen	bei Flach-keilen Verspan-nung; kein Rund-lauf; Hohlkeil hohe Laufru-he; laufge-nau	kein außer-mittiges Verziehen der Nabe; guter Rundlauf	hohe Kerbwir-kung in der Welle	schnell, billig, sicher her-stellbar, geringer Bearbei-tungs-aufwand; Mittig-keit	gleich-mäßige Kraftver-teilung über ges. Umfang; höhere Kerb-wirkg. u. Herstel-lungs-kosten

weitere Verbindungsmöglichkeiten:
Kegelverbindung; Ringfeder-Spannverbindung; Sternscheiben; Preßverbände; Zahnwellenverbindungen; Stirnverzahnung; Polygonprofil;

A6.2-3 Paßfeder DIN 6885 - A 12 x 8 x 63 *vgl. [2], S.103, TB12-2*

Zylinderstift ISO 2338 - A - 8 - 40 - St *vgl. [2], S.85, TB9-3*

Vielkeilwelle: Keilwellen-Profil DIN ISO 14 8 x 36 x 40 *vgl [2],S.104,TB 12-3*

A6.2-4

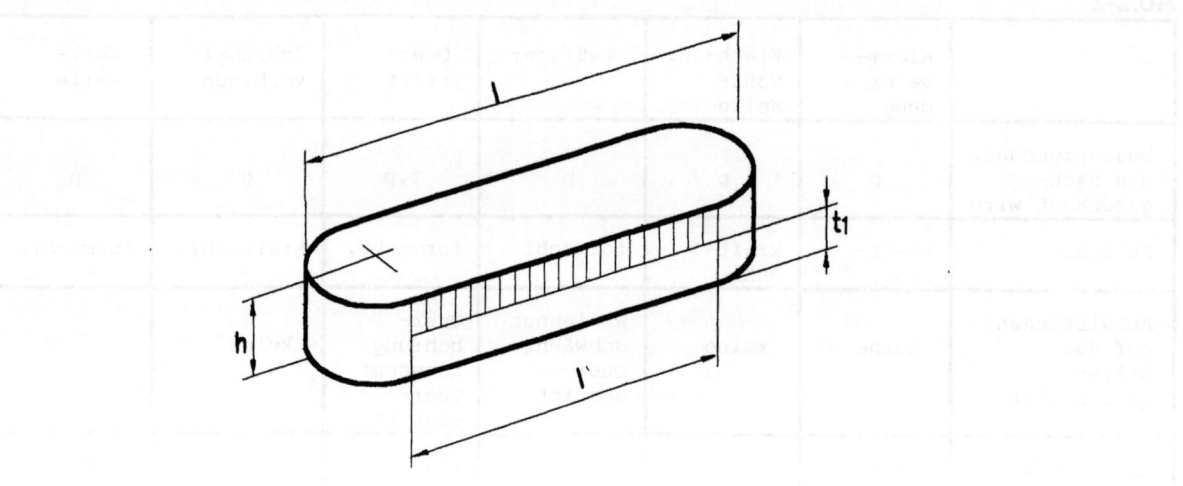

A6.2-5

$$d > 2{,}17 \sqrt[3]{\frac{M_V}{\sigma_{bzul}}} = 2{,}17 \sqrt[3]{\frac{850\ \text{Nm} \cdot \text{mm}^2}{50\ \text{N}}} \approx 55{,}9\ \text{mm}$$

σ nach Anlage 1

A6.2-7 gemittelte Rauhtiefe R_z ist das arithmetische Mittel aus den Einzelrauhtiefen (Profilhöhen) von 5 aneinandergrenzenden Einzelmeßstrecken
arithmetischer Mittenrauhwert R_a ist das arithmetische Mittel der absoluten Werte aller Profilabweichungen innerhalb einer Bezugsstrecke

A6.2-8 Sicherheitsfaktoren werden berücksichtigt, weil Kenntnisse über Art und Größe der Belastung, des Werkstoffverhaltens u.a. Einflußgrößen nicht genau genug vorhanden sind. Die Formulierung "Unsicherheitsfaktor" wäre folgerichtig!

A6.2-9 bei derselben Rauhigkeit ändert sich nur β_k;
für Stelle 3 zunächst keine Änderungen

A6.2-10 $d_{3erf} = 70{,}1$ mm + 9 mm =====> nach R 20 $d_{3gew} = 80$ mm

A6.2-11

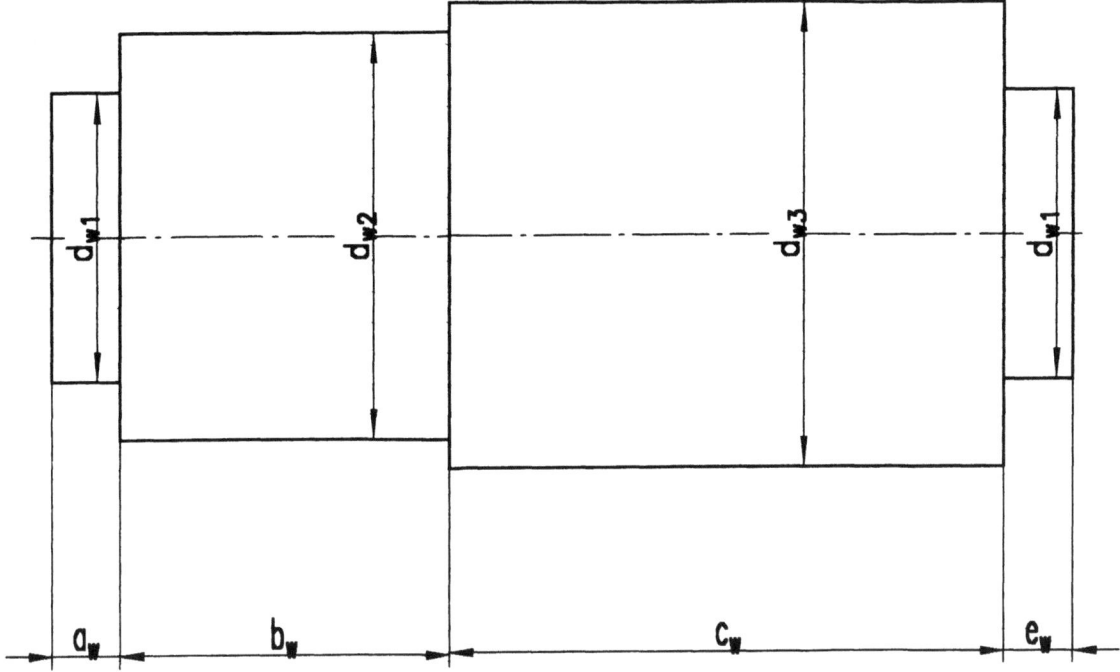

A6.2-12 $\sigma_{zul} = 43{,}2 \text{ Nmm}^{-2}$ ======> $d_{erf} = 58{,}6 \text{ mm}$

A6.2-13

	Stelle 2	Stelle 3
Paßfederverbindung	71 mm	80 mm
Keilwelle	63 mm	71 mm
Schrumpfverbindung	50 mm	63 mm

A7-1 In den meisten Festigkeitsberechnungen wird auf einen Belastungskennwert ein Querschnittskennwert bezogen. Wie groß ist aber die Berührungsfläche eines Wälzkörpers, wenn angenommen wird, daß Rollbahn und Wälzkörper starr sind? Bei starrer Rollbahn und starrem Wälzkörper würde die Berührungsfläche 0. Auf Grund der Elastizität des Werkstoffes entstehen sehr kleine Berührungsflächen. Diese Werte im Nenner würden sehr große Spannungen ergeben, die rechnerisch so nicht verwertbar wären.
Deshalb erfolgt die Wälzlagerauswahl letztlich über Versuchsergebnisse!

A 7-2

	Radial-Rillenkugellager	Radial-Pendelkugellager	Radial-Schulterkugellager	Axial-Rillenkugellager (einseitig wirkend)	Axial-Pendelrollenlager
Radiale Tragfähigkeit	hoch	hoch	gering	keine	bis zu 2/3 der Axialbelastung
Axiale Tragfähigkeit	hoch	möglich	gering	in einer Richtung möglich	hoch - nach einer Seite
Axiale Beweglichkeit	keine	keine	keine	in einer Richtung möglich	möglich
Winkelbeweglichkeit	keine	gut	keine	nur in Sonderfällen	groß
Eignung	als Festlager verwendbar; für hohe Drehzahlen; geräuscharmer Lauf	bei Wellendurchbiegungen; Herstellungsungenauigkeiten	für Meßgeräte u. kleine Maschinen bei geringen Belastungen	Lagerspiel nachstellbar; zerlegbar; bei erhöhten Genauigkeitsanforderungen	Ausgleich von Fluchtfehlern; zerlegbar; nachstellbar

vgl. [3], S.419

A 7-3 Die Bohrungsziffer (die letzten zwei Ziffern der Wälzlagerangabe) ergibt mit fünf multipliziert den Wellendurchmesser, wenn sie mindestens den Wert 04, die Welle also mindestens einen Durchmesser von 20 mm hat. Bei 6210 folgt für den Durchmesser der Welle 50 mm.

A 7-4 **Loslager** ermöglicht auf Grund von Wärmedehnungen einen Ausgleich, eine Längsverschiebung; damit das möglich ist, dürfen Innenring nicht mit der Welle oder Außenring nicht mit dem Gehäuse fest verbunden sein. Dort, wo die axiale Verschiebung möglich ist, muß eine Spielpassung gewählt werden.
Festlager führt die Welle in beiden Richtungen; der Innenring muß mit der Welle fest verbunden sein, der Außenring mit der Gehäusebohrung; das Lager muß von der Bauart her axiale Kräfte aufnehmen können.

A 7-5 Radialrillenkugellager; Festlager; dynamische Belastung
Axialrillenkugellager; Loslager; statische Belastung

A 7-6 ja; wenn die Wälzkörper eine Bewegung ermöglichen - z.B. Nadellager, Zylinderrollenlager

A 7-7 **Punktlast** - steht ein Wälzlagerring bezogen auf die Belastung still, so wird eine Stelle der Lagers immer die Höchstbelastung aufnehmen müssen.
Umfangslast - der gesamte Umfang des Wälzlagerringes ist bei jeder Umdrehung der Höchstbelastung ausgesetzt.

A 7-8

	Bild 7-3a		Bild 7-3b		Bild 7-3c	
	Außenring	Innenring	Außenring	Innenring	Außenring	Innenring
Punktlast		X	X			X
Umfangslast	X			X	X	
größte Beanspruchung		X	X			X
Ring steht still		X	X			X
festerer Sitz erforderlich	X			X	X	

A 7-9 Die Qualität der Toleranz ist abhängig von der notwendigen Laufgenauigkeit. H6, H7, H8 wären u.a. möglich

A7-10 Kosten – Gleitlager billiger
Lebensdauer – bei Wälzlagern höher
Belastbarkeit – bei Wälzlagern größer
Geräuschverhalten – Gleitlager ruhiger
Stoßempfindlichkeit – bei Wälzlagern größer
Raumbedarf - bei Wälzlagern geringer
Wartungsaufwand - bei Gleitlagern größer
Austauschbarkeit - Wälzlager werden fertig geliefert; teurer, bei Reperaturen aber wirtschaftlicher; auf Fremdlieferung angewiesen;

A 8-1 zwei Paßfedern versetzt einsetzen; evtl. andere Paßfederform - B; Wellendurchmesser größer; anderes Material

A 8.1-1 bei einem Wellendurchmesser von 80 mm wird gewählt Paßfeder A 22 x 14;
damit wird $h' = 0{,}45 \cdot h = 6{,}3$ mm;

$$l_{erf} = \frac{24{,}5 \text{ kN}}{6{,}3 \text{ mm} \cdot 132{,}5 \text{ N / mm}^2} = 29{,}4 \text{ mm}$$

A 8.2-1 es ergibt sich dieselbe Länge wie an der Stelle 2

A 8.3-1 preiswert, einfach, große Axial- und Drehmomente in beiden Richtungen möglich; zentrischer Lauf; kaum Unwuchten;
einmal hergestellte Verbindung ist "endgültig"; kaum wiederverwendbar; hohe Kerbwirkung im Randbereich (vgl.[3]; S. 326]

A 8.3-2 Werkstoffkenngrößen – Festigkeitswerte, Elastizität
Belastungskennwerte – axial, radial
Größenverhältnisse – Hohlwelle, Verhältnis der Durchmesser der Nabe und Welle; Größe der Fügefläche
Reibwerte
Oberflächenqualitäten
Einsatzbedingungen
Betriebsdrehzahlen

A 8.3-3 – die Verbindung muß so fest sein, daß das Drehmoment sicher übertragen werden kann;
– die auftretende Spannung darf nicht so groß werden, daß das Außenteil unzulässig verformt oder zerstört wird;

A 8.3-4 Flächenpressung, die auf Grund der vielen Einflußgrößen "korrigiert" wird.
Die Berührungsfläche entspricht einem Zylindermantel.

A 8.3-5 Die Anzahl der erforderlichen Lehren kann bei der Wahl mit Einheitsbohrungen begrenzt werden.

A 8.3-6 $Q_I = 0$, da Vollwelle!

$$K_I = \frac{1-0{,}3}{210000 \text{ N}/\text{mm}^2} = 3{,}33 \cdot 10^{-6} \text{ mm}^2/\text{N}$$

vgl. auch [2],S.107, TB12-7

A 8.3-7 von den Abmaßen her ist das nicht möglich!

A 8.3-8 Es müßte eine Kalt-Warmschrumpfung angewandt werden; das bedeutet höheren technologischen Aufwand!

A 8.4-1 lösbare, kraftschlüssige Verbindung bei guter Rundlaufgenauigkeit; bei Neigung von 17° liegt keine Selbsthemmung vor, so daß das Lösen problemlos möglich ist; keine Schwächung der Welle; einfache Fertigung, Montage und Demontage; austauschbar; einfache Berechnung;
Wenn die Geometrie es gestattet, wäre diese Verbindungsart für diese Aufgabe günstig.

A 8.4-2 Wird die Berechnung der zulässigen Spannung analog zu 6.2.3, S.47 geführt, so erhält man bei $\beta_k = 1$ für $\sigma_{zul} = 78{,}6$ Nmm^{-2} (es wird keine Kerbwirkung angenommen!).
Damit wird der erforderliche Durchmesser 48 mm.

A 8.4-3 vgl. [3], S.338, Bild 12.22

A8.5-1 $d_f = d - 2h_f = m(z - 2,5)$ vgl. [1], S. 94, Gl.-Nr. 15.8
$d_{f3} = 4(20-2,5) = 70$ mm oder [3], S. 514A 8.5-1

A8.5-2 Am Ritzel 1 wirkt $T_1' = 64,65$ Nm $\cdot 3 \cdot 0,96 \cdot 0,99^4 = 178,9$ Nm.
$F_{t1,2} = 7,2$ kN $\quad F_{R1,2} = 2,6$ kN
Auflagerkräfte in Vertikalebene: 7,5 kN; 12,3 kN ===> $M_{bv3} = 861$ Nm
Auflagerkräfte in Horizotalebene: 7,5 kN; 5,9 kN ===> $M_{bH3} = 413$ Nm
Res. Moment $M_{b3} = 955$ Nm
Vergleichsmoment $M_{v3} = 1037$ Nm

A9-1
- Drehmomentenübertragung
- Verbinden von Wellenenden und Triebwerksteilen
- Ausgleich unterschiedlicher Verlagerungen der Wellen (axial, radial, winklig)
- Ausgleich von Relativdrehungen der Wellen
- Stoßminderung
- Schwingungsdämpfung
- Unterbrechung der Drehmomentenübertragung
- Ermöglichung des Anlaufs von Antriebsmaschinen
- Begrenzung der Drehmomente
- Übertragung der Drehmomente in nur einer Richtung
- Drehzahlsteuerung und -regelung
- Überlastsicherung
- einfachere Montage und Demontage
- Arbeitsspeicherung

A9-2 schaltbar - nicht schaltbar
starr - nachgiebig
kraftschlüssig - formschlüssig u.a.

A9-3 das Drehmoment soll sicher übertragen werden (Ausnahme: Überlastsicherung!);
die Randbedingungen durch den Betrieb von Antriebsmaschine – Triebwerksteile – Arbeitsmaschine müssen berücksichtigt werden (Schwingungsverhalten; Stöße; Umweltbedingungen; Eigenschaften des Antriebs, der Arbeitsmaschine u.a.)

A9-4 Durch Stoß- bzw. Schwingungsdämpfung kann die Lebensdauer erhöht werden, der Durchmesser der Wellen, die Auslegung der Zahnräder u.a. Triebwerksteile günstiger erfolgen.

A9-5 Die Größe der Kupplung ist abhängig vom zu übertragenden Drehmoment. In der Regel ist an der Motorwelle das Drehmoment am kleinsten, die Drehzahl am größten (vgl. 3.2.8, S.17). Damit wird an dieser Stelle die Kupplung am preiswertesten sein.

A9-6 Hier sind verschiedene Kupplungen möglich! Elastische Klauen- oder Bolzenkupplung wäre gut möglich; zu bedenken ist, daß die Kupplung nur so "gut" sein muß wie nötig!

A10-1 – geringe Lagerabstände, um Biegemomente klein zu halten
– keine "schroffen" Durchmesserübergänge, die den Kraftfluß "stören" und die Kerbwirkung erhöhen; D/d < 1,4 – Abrundungsradien
– Paßfeder- bzw. Keilnuten nicht an Querschnittsübergänge führen
– Ringnuten vermeiden, obwohl z.B. beim Schleifen erforderlich
– axiale Führung durch Ansatzflächen oder Stellringe ermöglichen
– ausreichendes Spiel auf Grund von Wärmedehnungen und Einbauungenauigkeiten ermöglichen
– bessere Oberflächen vermindern die Kerbwirkung, erhöhen aber die Kosten

vgl. [3], S.311

A10-2 Welle nicht im Maßstab gezeichnet!

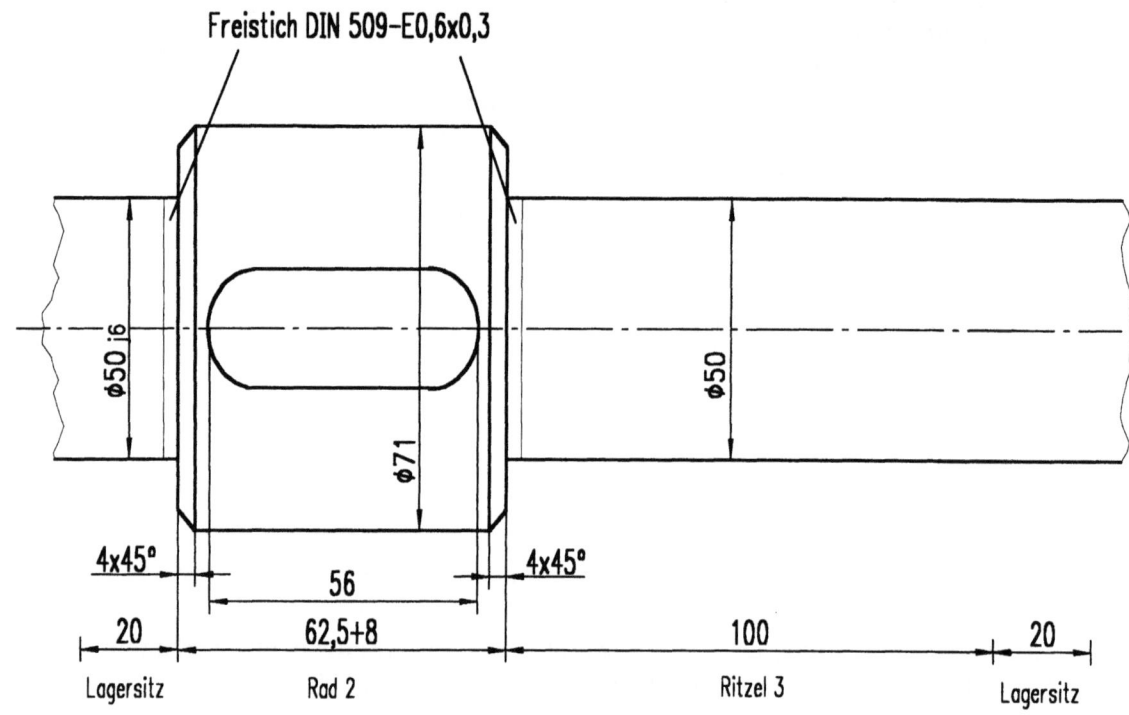

A10-3 Es ergibt sich die gleiche erforderliche dynamische Tragzahl wie unter 7., S. 50; das Lager 6308 ist richtig bestimmt;

A10-4 Bedingung nicht erfüllt
Schulterhöhe 5 mm; Einstichmaß h_1 = 2,1 mm; Kantenabstand r_{1s} = 1,5 mm
$h - h_1 > h - r_{1s}$;   5 - 1,5 < 5 - 1,5

A10-5 50/40 = 1,25 < 1,4

A10-6 größere Tragkraft bei kleineren geometrischen Maßen erfordert andere Herstellung; Angebot und Nachfrage

14 Lösungen

A10-7 Für den Lagersitz ist **j6** vorgesehen (+11;-5); für den Nabensitz war **h6** vorgegeben (0;-16); Fügen ist nicht möglich!

A10-8 Die Berechnung kann analog zu 8.3, S. 56 erfolgen. Es werden hier nur die Größen genannt, die sich ändern.

Bekannte Werte: Teilkreisdurchmesser d_3 = 80 mm   *vgl. 5.4; S.28*
Fügelänge 95 mm = 100 mm - 5 mm

Lösung: Fugenpressung p_{Fk} = 29,1 N/mm² bei A = 14923 mm²
Korrekturfaktor K_A = 12,3 · 10⁻⁶ mm²/N bei Q_A = 0,625
K_I = 3,33 · 10⁻⁶ mm²/N, da Vollwelle
kleinstes Haftmaß Z_k = 22,7 · 10⁻³ mm
Mindestübermaß $Ü_u$ = 38,7 µm
Höchstübermaß $Ü_o$ = 149,1 µm

Auch hier ist die Passung $h6/U7$ möglich; es wäre aber auch $h6/X7$ anwendbar.

A10-9 Zeichnung der Welle II auf Seite 104
Oberflächenangaben und Toleranzangaben unvollständig (R_z 25); Maßstab verzerrt; Werkstoffangabe und Rohmaße nach Aufgabe vorgegeben und nicht vermerkt; Kanten gebrochen; die Maße 25 und 13 am rechten Bund könnten eine Fehlerquelle sein - die zwei mm der Fase werden vom Dreher übersehen!

A10-10 A_V = 9,8 kN B_V = 15,3 kN F_a = 18,2 kN
A_H = 9,8 kN B_H = 7,2 kN F_b = 12,2 kN

A10-11 M_{bV4} = 15,3 · 121,5 − 21,8 · 55 ≈ 660 Nm
M_{bH4} = 7,2 · 121,5 − 7,9 · 55 ≈ 440 Nm
M_{b4} = 793 Nm

Vergleichsmoment an der Stelle 4:

$$M_{V4} = \sqrt{793^2 + 0{,}75(0{,}7 \cdot 870{,}2)^2} = 952 \text{ Nm}$$

A10-13 Beachte, daß an der Stelle 5 nur Biegung auftritt!
M_{b5} = 195 Nm
Am Wellenabsatz wird mit dem kleineren Durchmesser das Widerstandsmoment bestimmt!
W_5 = 6283 mm³
σ_{bvorh} = 31 Nmm⁻²
σ_G ≈ 90 Nmm⁻²

A10-14 Wird in die Gleichung für die Biegelinie für $x = a$ gesetzt, dann erhält man die vereinfachte Formel.

A 10-15

Berechnungsskizzen für die Horizontalebene

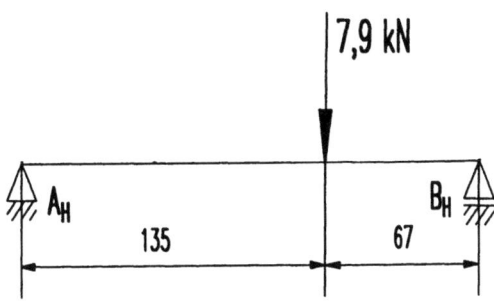

$$f'_{H3} = \frac{7900\,\text{N} \cdot 135^2\,\text{mm}^2 \cdot 67^2\,\text{mm}^2}{3 \cdot 210000\,\text{N}/\text{mm}^2 \cdot 306796\,\text{mm}^4 \cdot 202\,\text{mm}} = 0{,}017\,\text{mm}$$

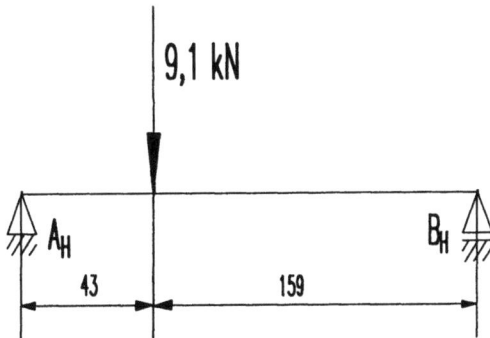

$$f''_{H3} = \frac{9100\,\text{N} \cdot 43^2\,\text{mm}^2 \cdot 159\,\text{mm}^2}{6 \cdot 210000\,\text{N}/\text{mm}^2 \cdot 306796\,\text{mm}^4}\left[\left(1+\frac{202}{43}\right)\frac{202-135}{202} - \frac{(202-135)^3}{43 \cdot 159 \cdot 202}\right] = 0{,}011\,\text{mm}$$

$f_{H3} = 0{,}017 + 0{,}011 = 0{,}028\,\text{mm}$

A 11-1

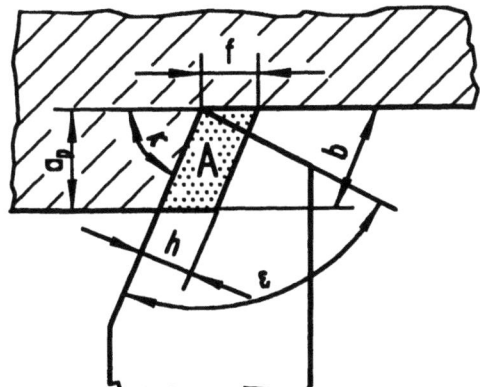

vgl. auch [9], 1-15, Bild 3.3

A11-2 $a_P = (D - d)/2 = (60 - 52)/2 = 4$ mm

A11-3 Der Einstellwinkel hat keinen Einfluß auf den Spanquerschnitt. Bei kleinem Einstellwinkel vergrößert sich die Spanbreite b. Damit verteilt sich die Schnittkraft auf eine größere Schneidenlänge. Dadurch wird die Schneide geschont und die Standzeit verbessert. Durch den Einstellwinkel κ wird aber die Radialkomponente der Vorschubkraft beeinflußt. Bei kleinem Einstellwinkel ist die Kraft, die auf die Rotationsachse wirkt, größer. Bei kurzen Werkstücken (Verhältnis Länge zu Durchmesser klein) kann diese Kraft aufgenommen werden. Bei langen Werkstücken (Verhältnis Länge zu Durchmesser groß) würde es zur Durchbiegung kommen. Deshalb ist in diesen Fällen ein großer Einstellwinkel ($\kappa > 85°$) zu wählen.
Beim genormten Wendelbohrer $\kappa \approx 118°$.

A11-4 Die Standzeit wird nicht eingehalten. Das Werkzeug verschleißt eher.

A11-6 $A = 2{,}52$ mm²; $h = 0{,}446$ mm; $k_C = 2466$ Nmm^{-2};
$F_C = 6214$ N; $P_{mot} \approx 21{,}7$ kW
Beachte! Hier wurde die Motorleistung berechnet. Die Zerspanungsleistung liegt nach [9], 10-8 bei 13,7 kW. Unterschiede durch Wirkungsgrad und Korrekturfaktoren!

A 11-7 Durch andere Bearbeitungsverfahren kann die geforderte Oberflächenqualität oder Fertigungsgenauigkeit nicht eingehalten werden. Gehärtete Werkstücke werden vor allem spanend bearbeitet.

A 11-8 Es wird angenommen, daß die Fertigung auf einer "einfachen" Drehmaschine - keine CNC-Maschine - erfolgt. Beim Arbeitsgang Schruppen könnte auch sofort auf einen kleineren Durchmesser abgedreht werden!
Ein Vorschlag für die einzelnen Arbeitsgänge könnte folgendermaßen aussehen:

– Stange zu 1/3 der Länge im Dreibackenfutter spannen
    Stirnfläche plandrehen
    Zentrierbohrung DIN 332 – B 2,5x5,3 über Reitstock anbringen
    von Durchmesser 60 mm auf 52 mm überdrehen
    von rechts aus von der Stirnseite aus nach Bemaßung auf ⌀ 42 mm absetzen
    von rechts aus von der Stirnseite aus nach Bemaßung auf ⌀ 38 mm absetzen

– Umspannen auf Wellenstück mit ⌀ 52 mm
    Restlänge von ⌀ 60 mm auf ⌀ 52 abdrehen
    Stirnseite auf Nennlänge drehen
    Zentierbohrung DIN 332 - B 2,5x5,3 über Reitstock anbringen
    von rechts aus nach Bemaßung von der Stirnseite aus auf ⌀ 42 mm absetzen

– Werkstück zwischen Stirnseitenmitnehmer und mitlaufender Reitstockspitze spannen. Der Stirnseitenmitnehmer ist ein Spannelement, das eine gefederte Zentrierspitze hat. Das Werkstück kann mitgenommen werden, weil scharfkantige Mitnehmerbolzen gegen die Stirnseite des Werkstückes gedrückt werden. Die Gegenkraft muß von der Reitstockspitze aufgebracht werden. Das führt zwar zur Beschädigung der Oberfläche, ist hier aber ohne Bedeutung für die Funktion der Welle. Auch die Zentrierbohrung kann bleiben.

14 Lösungen

Die Stirnseiten der Welle brauchen deshalb nicht noch einmal überdreht zu werden. Die Endfertigung erfolgt in dieser Spannung, da durch ein weiteres Umspannen der Rundlauf nicht mehr garantiert werden kann. Die Werkzeuge müssen eine Bearbeitung der Welle von links und rechts aus ermöglichen.

 Mittelstück mit ⌀ 52 mm auf Durchmesser 50 mm mit Passung h6 feindrehen
 beide Absätze ⌀ 42 auf ⌀ 40 mm mit Passung j6 überdrehen (Feindrehen)
 Absätze mit ⌀ 40 mm auf ⌀ 36 mm abdrehen (Schlichten)
 Fasen nach Zeichnung anbringen
 Freistiche nach DIN 509 - E0,6x0,3 anbringen

A12-1 Anfragen und Aufträge von Kunden
   wiederholte Reklamationen oder Störungen des Produktes
   neue Forschungsergebnisse
   Markt- und Trendstudien
   Verbilligung des bereits konstruierten Produktes
   Geänderte Gesetzeslage zum Umweltschutz
   verbesserte Werkstoffe

A12-2 Brainstorming
   Methode 635
   Wertanalyse
   Synektik
   Morphologische Methode
   Verwendung von Katalogen
   Dialogmethode
   Analyse bekannter Konstruktionen   *vgl. auch [5], ab Seite 13*

A12-3 Durch Aufstellen von Bewertungsmatrizen (vgl. z.B. [3], S. 346 oder 419 und [5], S. 21) nach technischen und wirtschaftlichen Gesichtspunkten.

Anlage 1:

Erfahrungswerte für zulässige Torsions- u. Biegespannungen für die Entwurfsrechnung von Achsen und Wellen in N/mm^2

	Werkstoff	$\tau_{t\,zul}$	$\sigma_{b\,zul}$
Achse stehend	St 42...50	-	50...100
Achse drehend		-	30....60
Welle	St 42 St 50 St 60, leg. St. St 70	12....18 20....40 40....60 60....80	30....60 40....60 60....100 100...150

Anlage 2:

Ausgewählte Schnittkraftkennwerte nach [9], S.174

Werkstückstoff	spezifische Bezugsschnittkraft $k_{c1.1}$ N/mm^2	Spannungsdickenexponent m_c
St 50-2	1500	0,29
St 70-2	1600	0,32
C 15	1520	0,27
C 35	1520	0,29
Ck 60	1670	0,32
15 CrMo5	1560	0,24
42 CrMo4	1760	0,17
GG 20	890	0,35
GS 45	1570	0,17

15 Anlagen

Anlage 3:

ISO-Passungen für Einheitswelle (Auszug aus DIN 7154 Blatt 1)

Toleranzfeld		h6	ZA7	Z7	X7	U7	T7	S7	R7	P7	N7	M7	K7	J7	H7	G7	F7	F8
von	1	0	-32	-26	-20	-18	—	-14	-10	-6	-4	-2	0	+4	+10	+12	+16	+20
bis	3	-6	-42	-36	-30	-28		-24	-20	-16	-14	-12	-10	-6	0	+2	+6	+6
über	3	0	-38	-31	-24	-19	—	-15	-11	-8	-4	0	+3	+6	+12	+16	+22	+28
bis	6	-8	-50	-43	-36	-31		-27	-23	-20	-16	-12	-9	-6	0	+4	+10	+10
über	6	0	-46	-36	-28	-22	—	-17	-13	-9	-4	0	+5	+8	+15	+20	+28	+35
bis	10	-9	-61	-51	-43	-37		-32	-28	-24	-19	-15	-10	-7	0	+5	+13	+13
über	10	0	-57	-43	-33	-26	—	-21	-16	-11	-5	0	+6	+10	+18	+24	+34	+43
bis	14		-75	-61	-51													
über	14	-11	-70	-53	-38	-44		-39	-34	-29	-23	-18	-12	-8	0	+6	+16	+16
bis	18		-88	-71	-56													
über	18	0		-65	-46	-33	—	-27	-20	-14	-7	0	+6	+12	+21	+28	+41	+53
bis	24		—	-86	-67	-54												
über	24	-13		-80	-56	-40	-33	-48	-41	-35	-28	-21	-15	-9	0	+7	+20	+20
bis	30		—	-101	-77	-61	-54											
über	30	0		-103	-71	-51	-39	-34	-25	-17	-8	0	+7	+14	+25	+34	+50	+64
bis	40		—	-128	-96	-76	-64											
über	40	-16		—	-88	-61	-45	-59	-50	-42	-33	-25	-18	-11	0	+9	+25	+25
bis	50				-113	-86	-70											
über	50	0			-111	-76	-55	-42	-30	-21	-9	0	+9	+18	+30	+40	+60	+76
bis	65		—	—	-141	-106	-85	-72	-60									
über	65	-19				-91	-64	-48	-32	-51	-39	-30	-21	-12	0	+10	+30	+30
bis	80					-121	-94	-78	-62									
über	80	0				-111	-78	-58	-38	-24	-10	0	+10	+22	+35	+47	+71	+90
bis	100		—	—	—	-146	-113	-93	-73	-59	-45	-35	-25	-13	0	+12	+36	+36
über	100	-22				-131	-91	-66	-41									
bis	120					-166	-126	-101	-76									
über	120					-155	-107	-77	-48									
bis	140					-195	-147	-117	-88									
über	140	0	—	—	—	-119	-85	-50	-28	-12	0	+12	+26	+40	+54	+83	+106
bis	160	-25				-159	-125	-90	-68	-52	-40	-28	-14	0	+14	+43	+43
über	160					-131	-93	-53										
bis	180					-171	-133	-93										
über	180					-149	-105	-60										
bis	200					-195	-151	-106										
über	200	0	—	—	—	—	-113	-63	-33	-14	0	+13	+30	+46	+61	+96	+122
bis	225	-29					-159	-109	-79	-60	-46	-33	-16	0	+15	+50	+50
über	225						-123	-67										
bis	250						-169	-113										
über	250	0					-138	-74	-36	-14	0	+16	+36	+52	+69	+108	+137
bis	280		—	—	—	—	-190	-126	-88	-66	-52	-36	-16	0	+17	+56	+56
über	280	-32					-150	-78										
bis	315						-202	-130										
über	315	0					-169	-87	-41	-16	0	+17	+39	+57	+75	+119	+151
bis	355		—	—	—	—	-226	-144	-98	-73	-57	-40	-18	0	+18	+62	+62
über	355	-36					-187	-93										
bis	400						-244	-150										
über	400	0					-209	-103	-45	-17	0	+18	+43	+63	+83	+131	+165
bis	450		—	—	—	—	-272	-166	-108	-80	-63	-45	-20	0	+20	+68	+68
über	450	-40					-229	-109										
bis	500						-292	-172										

(Nennmaßbereich mm)

Anlage 4:

Schnittgeschwindigkeit beim Schruppen und Schlichten mit HM-Meißeln

nach [9], 10-6 - Auszug

Schnittgeschwindigkeit v_C in m/min

Werkstoff	Festigkeit R_m in kN/cm²	Span-winkel γ [°]	P10 Schruppen	P10 Schlichten	P20 Schruppen	P20 Schlichten
St 33..44-2	bis 50	10...18	100...250	150...380	70...180	100...200
St 50-2	50...60	10...14	100...220	150...320	70...160	100...185
St 60-2	60...70	10...14	80...180	125...250	70...140	100...175
St 70-2	70...85	8...12	70...160	100...200	60...120	80...150
Legierter Stahl	110..140	6....8	20...75	40...100	15...60	30...80
Mn-Hartstahl	60..80	6...8	12...30	25...50	10...25	20...40
Stahlguß GS-38, GS-52	bis 70	8...14	50...125	75...170	30...80	50...120

In die freien Felder können Werkstoffe eingetragen werden, die evtl. zu Übungszwecken noch nötig sind!

Anlage 5:

Maße für Stellringe nach DIN 705 (Auswahl)

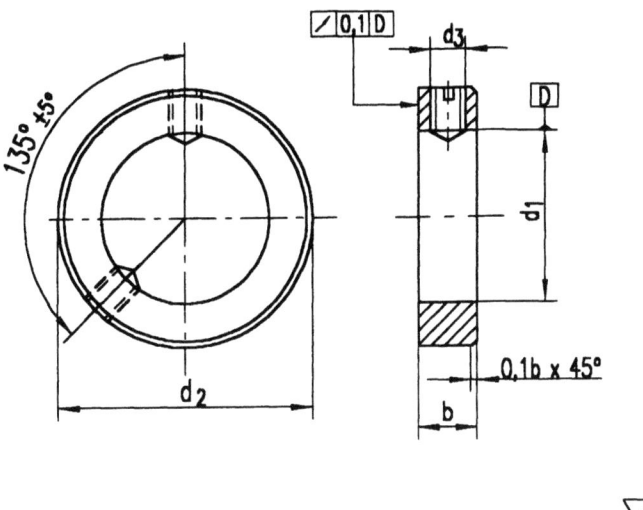

d_1 H8 Reihe 1	b js14	d_2 h13	d_3	Gewindestift
40	18	63	M 10	M 10 x 16
45	18	70	M 10	M 10 x 16
50	18	80	M 10	M 10 x 16
56	56	80	M 10	M 10 x 16
63	20	90	M 10	M 10 x 16

16 Literaturverzeichnis

[1] Roloff/Matek: Maschinenelemente Formelsammlung, Friedr. Vieweg & Sohn; Verlagsgesellschaft mbH; Braunschweig/Wiesbaden 1994; 5., verbesserte Auflage 1994

[2] Roloff/Matek: Maschinenelemente Tabellen; Friedr. Vieweg & Sohn; Verlagsgesellschaft mbH; Braunschweig/Wiesbaden 1994; 13., überarbeitete Auflage 1994

[3] Roloff, Matek: Maschinenelemente Normung - Berechnung - Gestaltung
Friedr. Vieweg & Sohn; Verlagsgesellschaft mbH; Braunschweig/Wiesbaden 1994; 13., überarbeitete Auflage 1994

[4] Wolfgang Böge: Arbeitshilfen und Formeln für das technische Studium 1
Grundlagen; Friedr. Vieweg & Sohn; Verlagsgesellschaft Braunschweig/Wiesbaden; 8., überarbeitete Auflage 1994

[5] Hintzen, Laufenberg, Matek, Muhs, Wittel: Konstruieren und Gestalten
Friedr. Vieweg & Sohn; Braunschweig/Wiesbaden; 3., verbesserte Auflage

[6] Dubbel: Taschenbuch für den Maschinenbau, Springer-Verlag Berlin Heidelberg New York London Paris Tokyo 1987; 16. Auflage

[7] Klein: Einführung in die DIN-Normen; B.G.Teubner Stuttgart Beuth Verlag Berlin und Köln 1989

[8] Siegfried Szyminski: Toleranzen und Passungen; Grundlagen und Anwendungen
Friedr. Vieweg & Sohn; Verlagsgesellschaft mbH, Braunschweig/Wiesbaden,1993

[9] Krist: Fomeln und Tabellen Zerspanungstechnik
Friedr. Vieweg & Sohn; Verlagsgesellschaft mbH, Braunschweig/Wiesbaden,1996
23., verbesserte Auflage

[10] Meins: Handbuch Fertigungs- und Betriebstechnik
Friedr. Vieweg & Sohn; Verlagsgesellschaft mbH, Braunschweig/Wiesbaden,1989

[11] Zirpke, Kurt: Zahnräder
VEB Fachbuchverlag Leipzig 1985, 12. Auflage

17 Verwendete Symbole

Formelzeichen	Einheit	Benennung
α	°	Eingriffswinkel, Umschlingungswinkel
α_0	1	Anstrengungsverhältnis
α_A	1/K	Längenausdehungskoeffizient
β	°	Schrägungswinkel des Zahnrades
β_k	1	Kerbwirkungszahl
$\Delta\vartheta$	K	Temperaturdifferenz
ϵ_α	1	Überdeckungsgrad
η_{ges}	1	Gesamtwirkungsgrad
η_L	1	Lagerwirkungsgrad
η_{Rie}	1	Riemenwirkungsgrad
η_V	1	Verzahnungswirkungsgrad
η_W	1	Wirkungsgrad der Werkzeugmaschine
κ	°	Einstellwinkel
μ	1	Reibungszahl, Haftbeiwert
ν, ν_D	1	Sicherheit; Sicherheit gegen Dauerbruch
$\nu_I; \nu_A$	1	Querdehnzahl für das Außen- bzw. Innenteil
ν_H	1	Haftsicherheit
$\sigma\,vorh$	N/mm²	vorhandene Spannung
σ_b	N/mm²	Biegespannung
σ_{b1zul}	N/mm²	zulässige Biegespannung des Rades 1
σ_{bW}	N/mm²	Biegewechselfestigkeit
σ_D	N/mm²	Dauerfestigkeit
$\sigma_{F01}, \sigma_{F1}$	N/mm²	örtliche Zahnfußspannung; Zahnfußspannung
σ_{Flim}	N/mm²	Zahnfuß-Biegenenndauerfestigkeit
σ_{FP}	N/mm²	zulässige Fahnfußspannung
σ_G	N/mm²	Gestaltfestigkeit
σ_{H0}, σ_H	N/mm²	Nennwert der Flankenpressung, Flankenpressung am Wälzkreis bzw. Flanken-Tragfähigkeit
$\sigma_{H\,lim}$	N/mm²	Dauerfestigkeit für Flankenpressung
σ_{HP}	N/mm²	zulässige Flankenpressung
σ_V	N/mm²	Vergleichsspannung
σ_z	N/mm²	Zugspannung
σ_{zul}	N/mm²	zulässige Spannung
τ_t	N/mm²	Verdrehspannung
$\tau_{tvorh}, \tau_{tzul}$	N/mm²	vorhandene, zulässige Verdrehspannung
Φ	1	Tragfaktor bei Paßfedern
ψ	1	Modul-Breitenverhältnis; Zahnbreitenverhältnis

17 Verwendete Symbole

Formelzeichen	Einheit	Benennung
a_d	mm	Null-Achsabstand
a_p	mm	Zustellung
A, A_F	mm²	Fläche, Fügefläche
A_{vorh}	mm²	vorhandene Fläche
b	mm	Breite des Zahnrades
$b_{1\sigma}$	1	Oberflächenbeiwert
b_2	1	Größenbeiwert
C	N	dynamische Tragzahl
c_B	1	Betriebsfaktor
D	mm	Lager-Außendurchmesser
d	mm	Nenndurchmesser der Lagerbohrung = Wellendurchmesser
d_0, d_1, d_2	mm	Teilkreisdurchmesser, Teilkreisdurchmesser des treibenden bzw. getriebenen Rades
d_a	mm	Kopfkreisdurchmesser
D_{Ai}, D_{Ii}	mm	Innendurchmesser des Außen- bzw. Innenteils
d_b	mm	Grundkreisdurchmesser
D_F, D_{Fa}, D_{Fi}	mm	Fügedurchmesser, Fügedurchmesser des Außen- bzw. Innenteils
d_m	mm	mittlerer Durchmesser
d_{r1}, d_{r2}	mm	Richtdurchmesser der Schmalkeilriemenscheiben
d_{sh}	mm	Wellendurchmesser des Ritzels
e'	mm	ungefährer Wellenmittenabstand
E, E_A, E_I	N/mm²	Elastizitätsmodul, E-Modul des Außen- bzw. Innenteils
f	mm	Durchbiegung, Vorschub
$F_{\beta x}, F_{\beta y}$	μm	wirksame Flankenlinienabweichung vor dem Einlaufen bzw. nach dem Einlaufen
F_{AH}, F_{BH}	N	Auflagerkräfte am Lager A bzw. B in Horizontalebene
F_{AV}, F_{BV}	N	Auflagerkräfte am Lager A bzw. B in Vertikalebene
F_{bn}, F_{bn1}, F_{bn2}	N	Zahnkraft, Zahnkraft des treibenden bzw. getriebenen Rades
F_C	N	Schnittkraft
f_H, f_V	mm	Durchbiegung der Welle in der Horizontal- bzw. Vertikalebene
$f_{H\beta}$	μm	Flankenlinien-Winkelabweichung
f_L	1	Lebensdauerfaktor
F_m	N	maßgebende mittlere Umfangskraft am Teilkreis
f_{ma}	μm	herstellungsbedingte Flankenlinienabweichung
f_n	1	Drehzahlfaktor, Anzahlfaktor
F_Q	N	Tragkraft
F_r, F_{r1}, F_{r2}	N	Radialkraft, des treibenden bzw. getriebenen Zahnrades
f_{res}	mm	resultierende Durchbiegung der Welle
f_{sh}	μm	Flankenlinienabweichung infolge Wellen- und Ritzelverformung
F_t, F_{t1}, F_{t2}	N	Nenn-Umfangskraft am Teilkreis, des treibenden bzw. getriebenen Rades
F_{vorh}, F_{zul}	N	vorhandene bzw. zulässige Kraft
f_{zul}	mm	zulässige Durchbiegung

17 Verwendete Symbole

Formelzeichen	Einheit	Benennung
G	µm	Glättungstiefe
h	mm	Paßfederhöhe, Spandicke
h'	mm	tragende Profilhöhe (Paßfeder, Keilwelle)
h_a	mm	Kopfhöhe
I	mm^4	Flächenmoment
$i_{1,2}$, $i_{3,4}$	1	Übersetzung des Radpaares 1,2 bzw. 3,4
i_{Rie}, i_{Zahn}	1	Übersetzung des Riementriebes bzw. des Zahnradgetriebes
i_{vorh}	1	vorhandene Übersetzung
K	1	Korrekturfaktor $K = K\gamma \cdot K_{vc} \cdot K_{st} \cdot K_{ver}$ ....
K_A, K_I	mm^2/N	Hilfsgrößen für Außen- und Innenteil zur Berücksichtigung des elastischen Verhaltens
k_C	N/mm^2	spezifische Schnittkraft
$k_{C1.1}$	N/mm^2	spezifische Bezugsschnittkraft
$K_{F\alpha}$, $K_{H\alpha}$	1	Stirnfaktoren für Zahnfußbeanspruchung, für Flankenpressung
$K_{F\beta}$, $K_{H\beta}$	1	Breitenfaktoren für Zahnfußbeanspruchung, für Flankenpressung
K_{Fges}	1	Gesamtbelastungseinfluß für Zahnfußtragfähigkeit
K_{Hges}	1	Gesamtbelastungseinfluß für Grübchentragfähigkeit
K_V	1	Dynamikfaktor
l, l_1, l_2	mm	Längen bzw. Wirkabstände
L_w, L_{wr}	mm	Riemenwirklänge, rechnerische Riemenwirklänge
L_{erf}	mm	erforderliche Riemenlänge
l	mm	Fügelänge
l'	mm	tragende Paßfederhöhe
m, m_{erf}	mm	Modul, gewählter Modul
M_b	Nm	Biegemoment
M_{bH2}	Nm	Biegemoment in der Horizontalebene an der Stelle 2
M_{bV2}	Nm	Biegemoment in der Vertikalebene an der Stelle 2
M_V	Nm	Vergleichsmoment
n, n_I, n_{II}, n_{III}	min^{-1}	Drehzahl, Drehzahlen der Wellen I, II bzw. III
n	1	Anzahl der Keile bei Keilwelle
n_{kb}	min^{-1}	biegekritische Drehzahl
N_L	1	Anzahl der Lastwechsel
n_{Mot}	min^{-1}	Motordrehzahl
P, P_{Mot}	kW	Leistung, Motorleistung
P_C	kW	Schnittleistung
p_{Fg}, p_{Fk}	N/mm^2	größter bzw. kleinster Fugendruck
p_N	N/mm^2	örtliche Fugenpressung an der Nabenbohrung im Bereich des Spannelementes
p, p_{zul}	N/mm^2	Flächenpressung, zulässige Flächenpressung
P_T	µm	Paßtoleranz

Formelzeichen	Einheit	Benennung
Q_A, Q_I	1	Durchmesserverhältnis
q_H	1	Faktor abhängig von DIN-Qualität zur Berechnung von $f_{H\beta}$
r_{1s}	mm	Kantenabstand
R_e	N/mm²	Streckgrenze, Fließgrenze
R_m	N/mm²	Zugfestigkeit, Bruchfestigkeit
$R_{p0,2}$	N/mm²	0,2% - Dehngrenze
R_Z	µm	gemittelte Rauhtiefe
R_{zAi}, R_{zIa}	µm	gemittelte Rauhtiefe der Fugenflächen des Außenteils innen bzw. des Innenteils außen
S_F, S_{Fmin}	1	Zahnbruchsicherheit, Mindestsicherheitsfktor für Zahnfußbeanspruchung
S_H, S_{Hmin}	1	Grübchensicherheit, Mindestsicherheitsfaktor für Flankenpressung
s_R	mm	Kranzdicke
S, S_0, S_U	µm	Spiel, Höchstspiel, Mindestspiel
$T_{nenn}, T_{1,2}$	Nm	Nenndrehmoment, Drehmoment des Ritzels, Rades
T_K, T_{KN}	Nm	Kupplungsmoment, Kupplungsnennmoment
T_{vorh}	Nm	vorhandenes Moment
u	1	Zähnezahlverhältnis
$Ü_0, Ü_u$	µm, mm	Höchst-, Mindestübermaß
v	m/s	Geschwindigkeit, Umfangsgeschwindigkeit am Teilkreis,
v, v_{Hub}	m/min	Schnittgeschwindigkeit, Hubgeschwindigkeit,
W, W_p	mm³	Widerstandsmoment, polares Widerstandsmoment
Y_β	1	Schrägenfaktor für Fußbeanspruchung
$Y_{\delta relT}$	1	relative Stützziffer bezogen auf Prüfrad
Y_ϵ	1	Überdeckungsfaktor für Fußbeanspruchung
Y_{Fa}	1	Formfaktor für Krafangriff am Zahnkopf
Y_{NT}	1	Lebensdauerfaktor für $\sigma_{F\,lim}$ des Prüfrades
$Y_{R\,rel\,T}$	1	relativer Oberflächenfaktor des Prüfrades
Y_{Sa}	1	Spannungskorrekturfaktor für Kraftangriff am Zahnkopf
Y_{ST}	1	Spannungskorrekturfaktor des Prüfrades
Y_X	1	Größenfaktor für Fußbeanspruchung
$z, z_1, z_2, z_{1,2}$	1	Zähnezahl, Zähnezahl des Ritzels, des Rades
Z_β	1	Schrägenfaktor für Flankenpressung
Z_ϵ	1	Überdeckungsfaktor für Flankenpressung
Z_E	1	Elastizitätsfaktor (Flanke)
Z_g, Z_k	mm	größtes bzw. kleinstes Haftmaß
Z_H	1	Zonenfaktor (Flanke)
Z_L	1	Schmierstoffaktor für Flankenpressung
Z_{NT}	1	Lebensdauerfaktor (Flanke des Prüfrades)
Z_R	1	Rauhigkeitsfaktor für Flankenpressung
Z_v	1	Geschwindigkeitsfaktor für Flankenpressung
Z_W	1	Werkstoffpaarungsfaktor
Z_X	1	Größenfaktor für Flankenpressung

Sachwortverzeichnis

Abgangsdrehzahl 13
Abtriebsmoment 16
Abtriebswellenstumpf 16
Achsabstand 13, 29
Achskräfte 21
Anpreßkraft 43
Anstrengungsverhältnis 41
Anwendungsfaktor 31
Anzahl der Lastwechsel 34
Anzahl der Keile bei Keilwelle 55
Anzahlfaktor 56
Arbeitsspindell 8
Auflagerkräfte 40

Becherwerk 7
Belastbarkeitsrechung 5
Belastungskennwert 5
Betriebsart 8
Betriebsfaktor 14, 16, 54
Bezugsschnittkraft 78
biegekritische Drehzahl 76
Biegemoment 41
Biegespannung 5
Biegewechselfestigkeit 44
Biegung 19
Bolzenkupplung 66
Breite des Zahnrades 27
Breitenfaktoren Zahnfußbeanspruchung 31

Dauerbetrieb 3,8
Dauerfestigkeit Flankenpressung 26
Dauerfestigkeit 44
Drehmoment des Ritzels 31
Drehmomente 14, 15, 16, 17, 57
Drehstrom-Asynchronmotor 9
Drehzahl-Drehmomenten-Kennlinie 9
Drehzahlen 13
Drehzahlfaktor 50
Drehzahlstellung 9
Drehzahlumwandlung 9
Durchbiegung 75, 76
Durchmesserverhältnis 58
Dynamikfaktor 31
dynamische Tragzahl 50

E-Modul 58
Eingriffswinkel 28
Einheitsbohrung 70
Einheitswelle 56
Einstellwinkel 79
Einzelfertigung 3
Elastizitätsfaktor (Flanke) 33
Elastizitätsmodul 58
Elektromotor 9
Entwurfsrechnung 5

Festigkeitsberechnung 15, 16, 30
Festlager 51
Fläche 5,43
Flächenmoment 75
Flächenpressung 24, 54, 55
Flachkeil 43
Flachriementrieb 21
Flankenlinienabweichung 34
Flankenpressung 25, 27, 33
Fördergut 7
Formfaktor für Kraftangriff am Zahnkopf 31
Formschluß 42
Fügedurchmesser 57
Fügefläche 58
Fügelänge 56
Fügetemperatur 61
Fugendruck 59
Fugenpressung 58
Füllgrad 8, 45
Füllmenge 8

Gesamtdurchbiegung 76
Gesamtübersetzungsverhältnis 4, 12
Gesamtwirkungsgrad 16
Geschwindigkeit 7,29
Geschwindigkeitsfaktor 34
Gestaltfestigkeit 44
Getriebe 9
Getriebeauswahl 9
Glättung 59
Glättungstiefe 59

Gleichstrom-Nebenschlußmotor 9
Gleichstrom-Reihenschlußmotor 9
Gleitlager 49
Größenbeiwert 45
Größenfaktor für Flankenpressung 34
Größenfaktor für Fußbeanspruchung 32, 33
Grübchenbildung 27
Grundkreisdurchmesser 28

Haftbeiwert 58
Haftmaß 59
Hilfsgrößen 58
Höchstübermaß 60
Hohlkeil 43
Horizontal- Durchbiegung 76
Horizontalebene 40, 75
Hubgeschwindigkeit 8
Hubwerk 8

Kegel-Spannelemente 61
Keilhöhe 55
Keilriemen 21
Keilwelle 43, 47
Kerbwirkungszahl 45
Klauenkupplung 66
Klemmverbindung 43
Kopfkreisdurchmesser 28
Korrekturfaktor beim Spanen 78
Kraftschluß 42
Kranzdicke 64
Kritische Drehzahl 76
Kupplung 16, 66
Kupplungsmoment 67
Kupplungsnennmoment 67
Kurzschlußläufermotor 9

Lagerabstand 14, 27, 51
Lagerwirkungsgrad 14, 16
Längenausdehungskoeffizient 61
Lastfall 41
Lebensdauerfaktor (Flanke des Prüfrades) 34
Lebensdauerfaktor für σ_{Flim} des Prüfrades 32
Lebensdauerfaktor 50
Leistung 8, 80
Leistungsverluste 9
Logikplan 22
Loslager 51

Maximalmoment 18, 41
Mindestsicherheitsfaktor 32, 34
Mindestübermaß 57, 60
Modul-Breitenverhältnis 27
Modul 4, 14, 15, 24, 26
Motorauswahl 8
Motordrehzahl 9
Motorleistung 80

Nabenbefestigung 15, 16, 42
Nabenlänge 57
Nenndrehmoment 14
Null-Achsabstand 29
Null-Getriebe 30

Oberfächenqualität 24
Oberflächenbeiwert 45
Oberflächenfaktor 32, 33

Paßfeder 42, 43, 54
Paßfederhöhe 54
Paßfederlänge 54
Paßtoleranz 60
Planetengetriebe 25
Planschverluste 14
polares Widerstandsmoment 20
Preßverband 57
Profilhöhe 54
Profilverschiebung 29
Punktlast 52

Querdehnzahl 58
Querschnittskennwert 5
Querschnittsschwächung 42
Querstift 43

Radialkraft 38
Rauhigkeitsfaktor 34
Rauhtiefe 56
Reibungszahl 58
Richter-Ohlendorfsches Diagramm 22
Riemenauswahl 21
Riemenlänge 23
Riementrieb 12, 21
Riemenübersetzung 12, 13
Riemenwirklänge 22
Riemenwirkungsgrad 14
Ritzel 8

Ritzelwelle 25
Rutschkraft 58

Schaltgetriebe 18, 29
Schaltplan 22
Schaltstellung 17
Scheren 24
Schleifringläufer 9
Schlußart 42, 43
Schmalkeilriemenprofil 21
Schmalkeilriemenscheiben 22
Schmierstoffaktor für Flankenpressung 34
Schnittgeschwindigkeit 80
Schnittkraft 4
Schnittkraft 78
Schnittleistung 80
Schöpfwiderstand 22
Schrägenfaktor für Flankenpressung 33
Schrägenfaktor für Fußbeanspruchung 31
Schrägungswinkel des Zahnrades 33
Schrumpfverbindung 43, 47, 60
Schüttdichte 8
Schüttgut 3, 7
Sicherheit gegen Dauerbruch 44
Sicherheit 45
Spandicke 79
Spannelemente 61
Spannung 5
Spannungskontrolle 5
Spannungskorrekturfaktor 31, 32
Spanquerschnitt 79
spezifische Schnittkraft 78
Spielpassung 52, 53
Standardwirklänge 23
Stirnfaktor für Zahnfußbespruchung 31, 34
Stirnradpaar 12
Stoffschluß 42
Streckgrenze 59
Stückgut 7
Stützziffer 32
Synchronmotor 9

Teilkreisdurchmesser 14, 24, 25, 28
Temperaturdifferenz 61
Torsionsmoment 20
Tragfaktor bei Paßfedern 55

Überdeckungsfaktor f. Fußbeanspruchung 31
Überdeckungsfaktor für Flankenpressung 33
Überdeckungsgrad 28, 35
Überlastschutz 21
Übermaß 60
Übersetzung des Riementriebes 12
Übersetzung des Radpaares 12
Übersetzung 12
Übersetzungsverhältnis 12, 13
Umfangsgeschwindigkeit 10, 12, 29
Umfangskraft 10, 14, 21, 37, 38, 54, 57
Umschlingungswinkel 21

Verdrehung 19
Vergleichsmoment 40, 41, 44
Verschleiß 24
Vertikalebene 40, 74
Verzahnungsqualität 27
Verzahnungswirkungsgrad 14
Vielkeilwelle 42
Vollast 3, 8, 22, 45
vorhandene Fläche 5
vorhandene Spannung 5
vorhandene Übersetzung 13
Vorschub 79
Vorzugszahlen 6

Wälzlager 49
Wärmedehnungen 52
Wellendurchmesser 20, 25
Wellenmittenabstand 22, 23
Wellenquerschnitt 43
Wellenuttiefe 54
Werkstoff 19
Werkstoffpaarungsfaktor 34
Widerstandsmoment 24
Winkelbeweglichkeit 49
Wirklänge 22
Wirkungsgrad der Werkzeugmaschine 80
Wirkungsgrad 9, 10
Wuchten 77

Zahnbreite 14, 24
Zahnbreitenverhältnis 27, 31
Zähnezahl des Ritzels, des Rades 12

Zähnezahlen 12
Zähnezahlverhältnis 26
Zahnflanken 24
Zahnfuß-Biegenenndauerfestigkeit 26, 32
Zahnfußspannung 27
Zahnfußtragfähigkeit 30, 33
Zahnrad 11
Zahnradbefestigung 42
Zahnradgetriebe 11
Zahnradtrieb 21
Zahnradübersetzung 12
Zahnradwerkstoffe 24
Zonenfaktor (Flanke) 33
Zugspannung 5
zulässige Flankenpressung 25, 26
zulässige Durchbiegung 76
zulässige Spannung 19
zulässige Biegespannung 26
Zylinderstift 42

If you have any concerns about our products,
you can contact us on
ProductSafety@springernature.com

In case Publisher is established outside the EU,
the EU authorized representative is:
**Springer Nature Customer Service Center GmbH
Europaplatz 3, 69115 Heidelberg, Germany**

Printed by Libri Plureos GmbH
in Hamburg, Germany